U0825823

ORIGINAL POINT PSYCHOLOGY | 沅心理

生活需要慢下来

[法] 一行禅师◎著
熊依旆 刘树春 张慧珺◎译

华龄出版社
HUALING PRESS

北京市版权局著作权合同登记号 图字：01-2024-4072 号

图书在版编目（CIP）数据

生活需要慢下来 / （法）一行禅师著 ；刘树春，熊依旆，张慧珺译. -- 北京 ：华龄出版社，2025. 1.
ISBN 978-7-5169-2862-2

Ⅰ. B84-49

中国国家版本馆 CIP 数据核字第202409NX97号

策　　划　颉腾文化
责任编辑　田　旭　李梦娇　　　**责任印制**　李未圻

书　　名　生活需要慢下来
作　　者　[法]一行禅师
出　　版
发　　行　华龄出版社 HUALING PRESS
社　　址　北京市东城区安定门外大街甲 57 号　　**邮　　编**　100011
发　　行　(010) 58122255　　**传　　真**　(010) 84049572
承　　印　文畅阁印刷有限公司
版　　次　2025 年 1 月第 1 版　　**印　　次**　2025 年 1 月第 1 次印刷
规　　格　880mm × 1230mm　　**开　　本**　1/32
印　　张　6.5　　**字　　数**　114 千字
书　　号　ISBN 978-7-5169-2862-2
定　　价　69.00 元

目录

怎么放松

生活需要慢下来

你不需要腾出专门的时间来休息和放松，也用不着特殊的枕头或者任何花哨的装备，亦不必花费整整一个小时。其实，现在就是放松的好时机。

此时此刻，你大概正在呼吸。你可以把眼睛闭一会儿，这可以帮你专注于呼吸。现在你的身体正做着许多事情。你的心脏在跳动，你的肺在吸进和呼出空气，血液在你的血管中流动。毫不费力，你的身体正在一边工作，一边放松。

放松的要点

休息

森林里的动物一旦受伤，就会休息。它们会找一处十分安静的地方，然后一动不动地在那儿躺上许多天。它们知道这是身体愈合最好的方式。在这期间，它们甚至可能不吃也不喝，只是停下来休息。这种智慧仍然存在于动物中，但我们大多数人已经丧失了休息的能力。

疗愈

身体原本就知道该做什么，而我们人类对此已经丧失了信心。如果我们有和自己独处的时间，我们会恐慌，并且试图去做许多不同的事情。正念呼吸帮助我们重新学习休息的艺术。正念呼吸就好像慈爱的父母怀抱着婴儿，说道："别担心，我会好好照顾你的，只管休息吧。"

觉知呼吸

呼吸是你安稳坚实的归依处。不论你的内在有什么念头、情绪和感知发生，呼吸都会像忠诚的朋友一样不离不弃。当你被思绪带走、受困于强烈的情绪，或感到焦躁而散乱时，你可以回到呼吸上。让身心合一，并安定你的心念。去觉知你吸入和呼出身体的空气。有了觉知，呼吸自然会变得轻盈、沉着、平静。无论昼夜的任何时间，不管你是在走路、开车、打理庭院，还是坐在电脑前，你都可以回到呼吸这一平静的归依处。

休息的偈语

任何时候，我们都可以念这首偈语并稍作休息。这首偈语就像一次微型假期，只不过，它会带你回到而不是远离你真正的家。

吸气，我知道我在吸气。
呼气，我知道我在呼气。

你甚至可以简化这首偈语，效果也不差分毫：

吸。
呼。

跟随呼吸

为了加强正念和专注，你可以从头至尾，轻柔而和缓地跟随你的吸气和呼气。仅仅是坐在那儿跟随呼吸，便能带来许多喜悦和疗愈。

吸气，我跟随我的入息，从始至终。
呼气，我跟随我的出息，从始至终。

静水

我们每一个人，既像波浪，又像水。有时，我们好似波浪那样兴奋、喧闹，而且焦躁。有时，我们又静如止水。当水平静时，它可以映衬出蓝天、云朵和树木。偶尔，不论我们在家、在办公室，或者在学校，我们会变得疲惫、焦虑，或不开心，那么我们就需要转变成平静的水了。平静已存在于我们的内在，我们只需知道该如何让它显现出来。

禅修

禅修意味着静虑，心念集中。它并不代表要逃离生活；相反，它是一个机会，让我们能深入观察自己，以及我们所处的境况。

止：禅修的第一个方面

禅修包含两个方面。第一个方面是止（梵语为 shamatha）。我们的一生自始至终都在追逐幸福。止意味着停下我们的追逐、失念，以及我们对过去或未来的沉溺。我们回归生活触手可及的当下一刻。当下蕴藏着每时每刻。

在这里，我们可以触及我们的祖先、我们的孩子，以及我们孩子的孩子，即便他们还没有出生。经由练习正念呼吸、正念行走，以及正念而坐，我们让身体和情绪平静下来。止也是专注的练习，这样，我们便可以将生活的每时每刻活出深意，并触碰生命的最深处。

先停下来

如果我们无法休息，那是因为我们还没有停止追逐。我们的追逐很早之前就开始了，我们甚至在梦里都不断奔跑。我们以为快乐和幸福不可能存在于当下。如果你能停下来，安住于此时此地，你会发现这一刻有许多幸福的元素，足以让你感到快乐。即便当下有一些事物你不喜欢，但仍然有足够多的正面事物令你快乐。走在花园中，你也许会因为看到一棵枯萎的树而悲伤，无法享受花园中其他依旧美丽之处。但如果你再看看，就会发现花园依然美好，而你也可以好好欣赏美景了。

观：禅修的第二个方面

禅修的第二个方面是观（梵语为 vipashyana），这样便可以看到事物的本质。理解是很棒的礼物，在正念中进行的日常生活也是极好的礼物，这同样是在禅修。专注和理解都蕴含于正念之中。

日常生活中的正念

正念是深度触碰日常生活每一刻的持续性练习。保持正念，就是身心一如，让你的意图与行动保持和谐，并且同你周围的人和睦相处。我们不需要在日常活动之外为此腾出专门的时间。我们可以在一天中的每个时刻进行正念的练习——厨房里、浴室里或花园中，还有当我们从一个地方走到另一个地方的时候。我们可以做我们经常做的那些事——行走、坐着、工作、吃东西等——用正念去觉知我们正在做的事情。我们的心念和行动同在。

放松的姿势

你最放松的姿势是什么？

有时我们以为只有躺下来才能放松，但我们也能以放松的姿势坐着。你的姿势可以笔直而不僵硬；放松双肩，看看你能不能身体毫不紧张地坐着。

疗愈的能量

如果你能安静而平和地独自坐禅，这已经是放松而疗愈的了。即使没有其他人知道你在禅修，你所制造的能量对你自己和这个世界依然十分有益。但倘若你能和他人一起坐禅、行禅和工作禅，这种能量便会增强，你会为你自己和世界的疗愈创造出一股强大的集体正念能量。这是单独一个人做不到的。不要让世界错失这一重要的灵性食粮。

疗愈的集体能量

通常我们认为，放松和疗愈只发生在我们独处的时候。然而，已有成千上万的人在世界上最繁忙的一些都市中，参与过集体行禅和大众坐禅。人们曾在河内的还剑湖边正念而平静地行走，在罗马古老的街道和广场留下过和平与自由的足迹，也曾有几千人，在伦敦繁忙的特拉法加广场和纽约的祖科蒂公园，静默不语地坐禅。这种集体修习的每一位参与者和见证者，都有机会接触到和平、自由、疗愈和喜悦的能量。在这些场合中所创造的集体能量是一种馈赠，我们可以将它送给自己，送给他人，送给城市，送给整个世界。

喜悦的培养

我们可能以为喜悦是自然而然发生的，但喜悦的增长是需要培养和练习的。当我们和他人一起正念而坐时，坐禅显得更容易；当我们和他人一起放松时，放松变得更自如。每当我们感到疲倦或思绪散乱，集体能量可以帮助我们，它能让我们回归自己。这就是为什么和他人一起修习是如此重要的原因。一开始我们也许会担心自己的坐禅和行禅不正确，我们也可能因为害怕被评判而对和他人一起修习感到犹豫不决。然而我们都知道该怎么坐着、怎么呼吸，做到这些就足够了。在专注于呼吸仅仅几分钟之后，我们便能让身体和思绪平静安定。我们只需要留心自己的入息和出息，专注于此就好。只要做到这一点，便可以开始平息你身心的不安，并重建你内在的稳定与宁静。当你开始修习时，你周围的人所持的专注也可以帮助你。不论一个人还是和其他人一起，每天都这样做一会儿。如果你这样练习，回归正念呼吸就会变得越来越容易。你的练习越多，便越能自如地触及你深层的意识，也能更容易地创造慈悲的能量。这一点，我们每个人都能做到。

喜悦的共同修习

正如我们不能用过于严苛的方法达到正念的效果，要放松也不能太用力。当我们以团体的形式一起练习时，我们的正念修习会变得更为愉悦、更为放松，也更加稳定。我们是彼此正念的钟声，在修习的道路上相互支持、相互提醒。有了团体的帮助，我们可以培养自身内在的平静和喜悦，然后将它赠予身边的人。我们培育内心的真实与自由、理解和慈悲。我们练习深观，以获得让我们摆脱苦难、恐惧、歧视以及误解的洞察力。

身体的正念

我们的身体可能存在紧张和疼痛。如果压抑或者忽略它们，这种紧张和疼痛便会与日俱增，而且将阻碍我们去体验我们本可以经历的快乐。当身体紧张时，我们吃不香也睡不好。正念呼吸能帮助我们放松，并让身体平静。我们先照顾好身体，再来照顾心念。

与自己交流

有时，我们不愿思考，想要放松。这样很好，我们都需要不思考的时间，但这并不意味着我们应该停止聆听。当我们停止思考，我们就能通过聆听身体和情绪开始同自己进行交流。在所有科技的辅助下，我们只需要几秒钟就能联系到住在远方的人。然而除非我们停下来，放松并聆听自己，否则真正的交流便不会产生。

修复健康

释放所有的紧张并让身体平静下来是修复健康的第一步。如果你不重视身体，它便无法疗愈。将思绪带回到身体上，你就能安住于此时此地。你有机会不带任何评判地去觉知身体中任何的疼痛、紧张或苦楚。这是疗愈的开始。

平静的呼吸

刚开始练习觉知呼吸时，我们的呼吸也许不太平静，可能会有些急促、不均匀，或者浅快。这是由身体的紧张、心里的悲伤，以及其他占据我们思绪的事物引起的，所以呼吸才会不平静。吸气和呼气时，我们只需专注于呼吸。如果我们继续练习对呼吸的觉知，呼吸会变得轻柔、更深、更平和，而且思绪的散乱状态也会停止。

以下是让呼吸平静的三种练习：第一，我们要识别吸气是吸气，呼气是呼气；第二，我们要意识到吸气和呼气的长度；第三，我们要从头至尾集中于呼吸上。这就是专注。我们只需要观察呼吸，而不要强加外力。我们让它自然地进行。有了对呼吸的觉知，呼吸会自然而然变得深沉、缓慢，而且更平静。

吸气，我知道我在吸气。

呼气，我知道我在呼气。

吸气，我觉知吸气长或短。

呼气，我觉知呼气长或短。

吸气，我跟随入息，从始至终。

呼气，我跟随出息，从始至终。

磬声

我在十六岁成为沙弥的时候开始请磬。我们说“请磬”而不是“敲磬”，因为我们把钟磬当作朋友。我们想邀请磬声进入我们的身体。请磬是一种很简单的放松方式。听到磬声时，我们先吸气，然后呼气，同时我们吸收那美妙的声音，就这么简单。如果没有钟磬，我们可以利用其他的声音——电话铃声、飞机从头顶掠过的声音、时钟的鸣响、电脑的报时，或者我们周围自然的声响。我们甚至可以利用手提钻或者鼓风机发出的声音。

呼吸的空间

在你的家里有没有一个专门用来放松的空间？这个空间不需要很大，它可以是一个小角落（不能是你的床！）或者房间中任何专门只用于呼吸和放松的地方。这个地方不用来吃饭或者做作业，也不用于叠衣服或者建造东西。这和只用于吃饭、睡觉以及上厕所的地方同等重要。我们需要一个小空间，在那里我们能照顾自己的神经系统，并恢复安宁与平静。

为我们的领土带来和平

我们每个人都有肉体，还有感受、认知、思想、情绪，以及深层意识。这些构成了我们的领土，而我们每个人都是管辖自己领土的君主。可惜我们作为君主并不称职。我们的领土既不和睦还有冲突，而我们没有重建平静与和谐的能力。我们不去考察自己的领土，反而选择逃避并以某种消费为避难所。正念修习能给你勇气和能量，让你回归并且拥抱你的身体，拥抱那些不太愉快的感受和情绪。就算那些感受和情绪可能会将你击垮，你还是要回去拥抱它们，并促使它们转化。如果你仍感到担心，你可以向一起修习的朋友寻求帮助。经由练习行禅、觉知呼吸，还有正念进食，你培养了正念的能量，然后你便可以统治你的领土，创造和平。

懒惰日

我们大多数人都把生活和日程安排得满满当当。然而，我们的日程中有足够多的懒惰日吗？懒惰日是我们不做任何活动安排的一天，就这么让它自然而随机地展开。在这一天，我们有了重新平衡自己的机会。我们可以独自或跟朋友一起行禅，或者在森林里坐禅；我们也许想看会儿书，或者给家人或朋友写信；我们也可以利用这一天来更深入地观察自己的练习，以及我们和他人之间的关系；又或者，我们感觉只是需要休息。当我们不对时间做安排，我们容易无聊，想要找点儿好玩的，或者想方设法找些事做。懒惰日是一个机会，让我们训练自己不为无事可做而担心。你也许认为什么也不做是浪费时间，但事实并非如此。你的时间，首先是为了你的存在——鲜活的存在，平和的存在。

平和生活

这个世界需要内心充满快乐与爱的人，他们乐于活在当下。如果你懂得平和生活的艺术，你就有了所有行动的根基。行动的根基是活着，而活着的品质决定了行动的品质。有为的基础一定是无为。我们有时会说："别光坐在那儿，干点事儿。"然而，我们需要把这句话反过来说："不要只知道做事，在那儿坐着。"只有这样，平和、理解和慈悲才可能发生。

放松需要洞察力

有的人十分努力地练习正念，但他们无法放松。他们努力地呼吸，努力地行走。他们极为努力，然而就是无法放松——因为努力不等于正念。并非有了放松的目的你就能放松，也并非有了停下来的意图你就能停下来。正念，真正的正念，一定蕴含着真正的见解和洞察力。有了洞察力，你才能放松。

对一件事的正念

所谓正念，一定是指对一件事的正念。我们可以对呼吸、行走、思想和行为保持正念。正念要求我们专注于任何我们正在做的事情，不论是行走、呼吸、刷牙，还是吃零食。保持正念已经是觉醒。如果我们能带有觉知地说：“吸气，我知道我有一个身体。”这就已经是洞察了。因为如果我们觉知自己有一个身体，我们就能知道该如何照顾它。倘若我们想减轻压力和紧张，就需要意识到我们一直都在追逐许多东西。真正的快乐无法在成功、金钱、名誉或者权力中获得。真正的快乐应该在此时此地寻找。有了这种洞见，你就能真正放松。

疗愈自己，疗愈地球

正念以及对地球的深层觉知，能帮助我们处理痛苦和艰难的感受。这能帮我们疗愈自己的苦难，并增强我们感知他人苦难的能力。当对地球的慷慨有了觉知，我们会产生愉快的感受。懂得如何创造快乐和幸福的时刻，对我们的疗愈来说十分关键。能够发现生活中的美好，并看清所有快乐的条件已经存在，是很重要的。然后，伴随着正念的能量，我们可以识别并拥抱愤怒、恐惧和绝望的感受，并将它们转化。我们不需要被这些不愉快的情绪压倒。

在自然中放松

当你在山间、公园，或者沿着河边行走时，你可以跟随自己的呼吸。如果感到疲惫或烦躁，你可以将双臂分置于身体的两侧平躺下来，允许你所有的肌肉放松，只对呼吸和微笑保持觉知。这种放松方式不仅美妙，而且十分提神。如果每天这样练习几次，你会获益良多。正念的呼吸和微笑会给你自己和身边的人带来快乐。你为所爱的人能买到的所有东西中，没有一样比得上觉知、呼吸和微笑所带来的快乐，而这些珍贵的礼物不花分文。

在此刻觉醒

行禅，可以让我们在生活的美好当下觉醒。如果我们的思绪被担心和痛苦占据，或者在步行的时候因为其他事情而心不在焉，我们便无法保持正念，也无法享受当下一刻，我们也就因此与生活失之交臂。然而，如果我们处于觉醒状态，那么我们就会发现这是生活给予我们的美妙时刻，只有在这一刻，生活才触手可及。我们会珍视迈出的每一步，因为我们与生活、与幸福的源头，以及与我们挚爱的地球有了联系，每一步都能带给我们幸福。

转化不愉快的声音

我在北加利福尼亚山上静修期间，有一天，附近着火了。整整一天中，不论是坐禅、行禅，还是止语吃饭期间，我们都能听到直升机的声音。越南战争时期，直升机的声音意味着枪支、炸弹和死亡。静修中的许多练习者来自越南，经历过那场战争，所以直升机的声音给他们带来了不愉快的感受，其他练习者也一样深受其扰。但我们别无选择，于是我们决定带着正念去练习聆听直升机的声音。伴随着正念，我们可以告诉自己，这架直升机并不是在战争环境中行动，而是在帮助扑灭那些火焰。有了正念，我们将不愉快的感受转化为感恩的心情。所以，我们就在直升机的声音中进行了呼吸的练习，而且我们挺了过来。我们将直升机的噪声转变成了有利的因素。我们还练习了下面的偈语：

我聆听，我聆听。
这直升机的声音
带我回到
当下一刻。

睡觉

当你躺在床上无法入睡时，最有效的做法是回到你的呼吸。休息带来的好处几乎与睡眠等同，而且你会知道自己已经在做到最好。将呼吸和身体带回平静，这样你便能休息了。

学会休息

我们需要重新学习休息的艺术。即使当我们有了假期，我们也不懂得该如何利用它。许多时候，过完假期的我们比放假前还要累。我们应该学习放松和休息的艺术，并且每天抽出一些时间，独自一人或者和其他人一起练习深度放松。

枕着鼾声入睡

有时，你不得不和一个睡觉打呼噜的人共处一室，你也许会因此变得烦躁。然而有了正念的支持，你会心生怜悯，你可以枕着鼾声入睡。聆听，并对自己说，这鼾声将你带回当下。如此一来，这鼾声对你而言便容易接受得多，并且你也能因为这鼾声而进入梦乡。

我们对幸福的看法

假设你对幸福快乐有着自己的见解，在什么能令你幸福一事上，你有着自己的看法。这种看法根植于你和你所处的环境中。你的看法告诉你，哪些条件能令你快乐。这是你抱持了一二十年的见解，而如今你意识到，你对于幸福的看法正在折磨你。你的看法可能包含着妄想、愤怒，或者渴求的成分，而这些成分正是痛苦的本质。

另外，你知道自己拥有其他的体验：那些感受到喜悦、释然，或真爱的时刻。你可以辨别这些才是真正幸福的时刻。

如果体验过真正的幸福，对于那些渴求的东西你就能更容易放手，因为你提升了洞察力，知道那些事物无法令你快乐。

许多人都想要放手，但他们不知道如何能做到，因为他们还没有足够的洞见，还未看过通向平静与幸福的其他可能性和途径。恐惧是阻碍我们放手的因素之一。我们害怕一旦放手，就没有别的东西可以依附了。放手是一种练习，是一种艺术。某一天，当你足够强大、足够坚决时，你会对那些折磨你的苦恼放手。

放手

“放手”说的是对某件事放手。这件事可能是我们头脑中的一个对象，一种我们自己创造的想法、感受、渴望，或者信念。执着于这种想法会带来许多苦恼和焦虑。我们想要放手，但是如何才能做到呢？

仅仅是想要放手还不够，我们首先得把它当作一个实在的事物去了解。我们要深观它的本质和来源，因为想法都产生于感受、情绪，和我们过去所见所闻的事情。有了正念和专注的能量，我们可以深入观察，并且发现这种想法、情绪，或者渴望的根源。正念和专注能产生洞察力，而洞察力可以帮助我们释放头脑中的对象。

糟糕又美妙的生活

禅修就是觉知正在发生的事情——不论是我们的身体、我们的感受、我们的思想，还是整个世界。每天都有成千上万的儿童死于饥饿，也有许多动植物的物种濒临灭绝。然而，日出仍旧美丽；清晨，墙边的玫瑰依然奇迹般地盛开。生活既有糟糕的一面，也有美妙的一面。练习禅修，就是去接触生活的两面性。

独处

独处可以帮助我们放松。独处并不是说要离群索居。真正的独处，意味着我们不会因为拥挤的人群、过去的悲伤、未来的担心，或者因为目前强烈的情绪而失去自制力。我们不会丢掉内心的坚定与平静。我们可以在正念呼吸的帮助下回到当下，回到我们内心平静的岛屿。我们享受和他人在一起的时间，但我们不会在彼此的互动中迷失。即使是在繁华的市集商场，我们依旧能平静地微笑和呼吸，在自己的岛屿上安住。

释放担心

我们的练习是学习照顾当下，不让自己迷失在过去或未来。照顾好了当下时刻，我们或许能改变过去负面的事情，并为美好的未来做准备。我们总倾向于担心未来会发生的事，而练习能帮助我们回归到当下，回归到我们的身体、感受和我们周围的环境。正念地吸气和呼气，将心带回到身体，这样我们便能真正地照顾当下。倘若我们的身体中有些压力和紧张，我们可以练习正念呼吸以缓解紧张感，这样能让我们放松。如果我们有痛苦的感受，我们要用正念来拥抱这种感受以获得安慰。关键一点在于，全然地回到当下，这样你才能照顾自己和周围正在发生的事情。不要过多地思考未来，或者设想它会怎样展开，也不要过多地沉溺于过去。

你要训练自己学会如何回归到当下，以及如何关照这一刻，如何照顾好你此刻的身体和感受。随着你学习安住于当下，你将会对自己掌控局面的能力更有信心，你也会懂得如何照顾自己的感受以及发生在你身边的事情。这些能让你充满自信，而且随着自信的增长，你便能远离忧虑。

快乐是集体事件

我们可以学习处理自己的恐惧和痛苦，之后我们就能帮助其他人，因为对于恐惧和痛苦的应对我们有了亲身经历。恐惧和痛苦并不只是我们独自经历的，也是我们父母的、朋友的，以及整个社会的苦难。你是我，而我也是你。如果有好事发生在我们其中一人身上，它就发生在我们所有人身上；如果有坏事发生在我们其中一人身上，它也发生在我们所有人身上。这个答案源自无我的洞见。有了无我的洞见，你会发现，你的恐惧和痛苦是集体的痛苦；有了无我的洞见，你也会发现，你的快乐是集体的快乐。我们是一体的。

实践你说的话

如果你用正念的练习来释放身体的紧张、压力和疼痛，你的感受会开始好转。于是，当你看到有人觉得紧张或者身体疼痛时，你可以向对方展示该如何练习。这个人会相信你，因为你有切身的经验，你实践过你所说的话。这就是为什么我们自己要先身体力行的原因。仅仅是你的生活方式，以及你对各种局面的反应，就已经很有帮助了。当人们看到你平静而友善的回应方式时，他们已经开始向你学习。

微笑

微笑不仅可以放松面部的肌肉，而且能让神经系统得到休息。微笑让你成为自己的主人。我们一整天都可以练习微笑。一开始你可能觉得微笑很难，我们得想想这是为什么。微笑意味着我们是真正的自己，我们对自己有掌控能力，不会陷入失念之中。我想献上一首偈语，在你呼吸和微笑的时候，可以不时念诵：

吸气，我让身体平静下来。
呼气，我微笑。
安住于当下时刻，
我知道这是美妙的一刻。

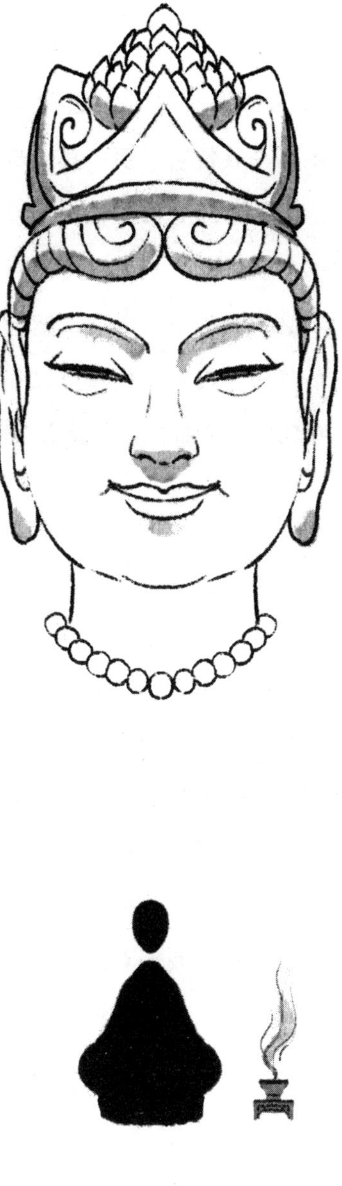

毫不费力

我们需要做什么特别的努力才能发现蓝天的美吗？我们是否需要通过练习来欣赏它？不，我们自然而然就能感受它的美。我们生活中的每一分每一秒都可以这样。不论何时何地，我们都能够享受阳光，享受彼此的存在，甚至享受呼吸的感觉。我们不必远离都市后再欣赏蓝天，也不用穿越到未来再享受我们的呼吸。现在我们就可以和这些事物产生联系。如果我们觉知到的只是痛苦，那就太遗憾了。

自我疗愈

我们要相信身体有自我疗愈的能力。自我疗愈的能力是真实存在的，但我们许多人并不相信这一点。相反，我们摄取许多有时会给身体带来伤害的维生素和药物。我们要照顾好自己的身体，好好吃饭但不过饱，我们要睡觉，还要喝水。我们必须信任自己的内在，拥有理解、疗愈以及爱的能力，这是我们的归依。如果我们对此丧失了信念和自信，我们就失去了一切。我们可以不必惊慌绝望，只要练习正念呼吸，信任我们内在疗愈的能力——我们归依的内在之岛。这座岛屿是平静的、自信的、坚固的、有爱的，也是自由的。

请为了你自己，成为这样的岛屿吧，不必外求。正念呼吸可以帮你回到这座宝贵的内在之岛，这样一来，你就能体验生命的地基了。

释放压力

压力会在我们的身体中累积。我们的饮食习惯和生活方式会给身体带来不良影响。如果我们躺下来，温和地觉知呼吸，我们就能让身体得到休息和恢复。在一天中腾出时间来练习正念呼吸，并释放紧张。在短短的 5 到 20 分钟之内，你就可以重建正念，并驱散压力。当你睡不着时，跟随你的吸气和呼气，轮流将觉知带到身体的不同部位，并允许它们放松。有时这样可以帮你入睡。即使你不睡觉，这个练习也非常好，因为它能滋养你，并让你得到休息。

当下时刻，美妙一刻

当我坐在这里时，我并不渴望去到别处，我不会被过去或者未来带走。我坐在这里，并且知道自己在什么地方，这是十分重要的。我们倾向于活在未来，而不是现在。我们会说："等我毕业后拿到博士学位再说吧，那个时候我就能真正地生活了。"一旦我们做到了——而这并不容易——我们又会对自己说："等我有了工作，我的生活才能真正开始。"然而，有了工作又想要车，有了车又得买个房子。我们做不到活在当下，我们倾向于把生活延期到未来，遥远的、未知的未来，就好像现在不值得活一样。我们可能在整整一生当中都没有好好活过。生活唯一存在的时刻，就是当下。

人生莫虚度

在许多禅宗寺院的禅堂外，都有一个木板写着一段四句话的铭文，最后一句是："慎勿放逸。"我们的生命是由许多天、许多个小时构成的，每个小时都很珍贵。我们是否浪费过许多时间？我们又是不是在虚度光阴呢？练习行禅或坐禅时，我们更容易保持正念和专注。在一天中其他的时间里，我们也要练习。这样难度高一些，但并非不可能。坐禅和行禅可以延伸到我们一天中不行不坐的时刻。这就是禅修的基本原则。

平静下来

“吸气，我让身体平静下来。”念诵这句偈语如同饮一杯清凉的水——你感到它的清新沁入心脾。当我一边吸气一边念这句偈语时，我能真切地感觉到呼吸平静了我的身体，平静了我的心。

内心的战争

我们知道，许多人都不愿意回归自我。我们害怕，不愿面对内在的痛苦和挣扎。我们抱怨没有时间生活，但却不在空闲时尝试回归自我。我们不是打开电视机，就是拿起一本小说或杂志，或者开车出去兜风，借此来逃避。我们逃避自己，不去注意我们的身体、感受，或者思想状态。我们必须回到自己的内在家园。如果我们与父母、朋友、社会，或者所属的教会不和，这可能是由于我们内心肆虐着一场战争。内心的战争，容易滋生其他战争。我们害怕回家，因为我们缺乏自我保护的工具或方法。有了正念的装备，我们可以安全地回家，而不被我们的痛苦、悲伤和沮丧压倒。通过练习正念行走和正念呼吸，我们将可以回归自我，拥抱自己的痛苦和悲伤。

冲刷岩石的水流

心的活动通常是焦躁不定的，就像奔腾的流水冲刷着岩石。在传统的佛教著作中，心通常被比作不停游荡于树枝间的猴子，或者一匹脱缰的野马。一旦我们的心能辨别正在发生的事情，我们就能看清自己的心理状态，并让它平静下来。仅仅做到这一点，就能给我们带来平和、喜悦和沉静。

风暴中的船

假设你在一艘穿越大海的船上。如果被困于一场暴风雨，最重要的是保持冷静，不要惊慌。要做到这一点，你应该回到呼吸，回到自身。当你平静下来、回归你内心真正的岛屿时，你会知道什么该做，什么不该做。否则，可能会翻船。那些我们不该做却做了的事情会毁灭我们。在正念中安住吧，你会看得更加清楚，并知道该如何改善局面。正念能带来专注，而专注能让洞察力和智慧显现出来。这是最安全的庇护。你的岛屿所能贡献的安全与稳固，取决于你的练习。不论是安慰小孩、建造房子，或是打排球，这一切都取决于你的练习。

苦难非全部

有人说，一切皆苦，这并不是真的。这是对佛陀所言的夸大和误解。佛陀说，苦难是存在的，然而他并没有说这就是全部。苦难的发生有其原因，要达到消除这些原因的状态并非不可能。当然，我们不应该幻想有一天能拥有完美的幸福，而没有丝毫的痛苦。你总会有所困扰，但我们能以一种巧妙的方式来应对痛苦和幸福。

释放紧张

要释放所有的紧张，就要用正念呼吸的方式。所以说，我们做什么都是以正念开始。正念将思绪带回到当下，我们可以更深入地观察和体验事物。回到当下，你能发现身体是否紧张。通过深观我们发现："啊，我紧张，因为我迷失在自己的担心、焦虑，还有对未来的打算中。"然后，我们可以果断决定不再为此而分心了。

欲望和快乐

佛陀常说，许多人混淆了欲望和快乐。佛陀出家以前是以王子的身份长大的，他品尝过充分满足欲望的生活，因此他的话是经验之谈。佛陀说，真正快乐的生活是少欲、少物的，并且有时间享受存在于我们内心和周围的诸多美好。欲望，意味着沉溺于有害身心的渴求中。当心在渴求某些东西时，我们能觉知这种心态的存在。“我的心在渴望得到财富。”“我的心在渴望得到名誉。”当我们没有渴望，我们要观察当下心里没有渴望，这一点很重要。“不渴望财富时，心里有这种轻松的感觉”“不渴望名誉时，心里有这种舒适的感觉”，等等。当我们观察这些无欲无求的时刻，我们能体验到快乐、轻松和平静。无欲无求是一种基本条件，让我们可以体会到过简单的生活所带来的喜悦、平静和安心。简单意味着少欲，意味着满足于只拥有少量财产的朴素生活。真正的幸福建立在无欲无求的基础上，因为真正的幸福必定蕴含着平静、喜悦和自在的元素。

在此处放松

生活于都市之中，我们可能十分忙碌，而且整个城市喧闹嘈杂、污染严重。我们被困其中，总也看不到星星和月亮。我们想要找两天远离尘嚣，到乡村度假，但无法成行，因为我们放不下。直到有一天一个朋友到访：“这周五我们到乡下去吧。”此人说服力极强，于是我们答应了。上车后，不过四十五分钟，我们就把都市留在了身后，乡村已经目所能及。我们能感受到微风，能看到广阔的空间，快乐也随之而来。这种快乐的产生，是因为我们能放下，将都市抛诸脑后。放下能带给我们喜悦和幸福。我们应该坐下来，在纸上写下那些我们能放开的事情。我们之所以没有幸福和喜悦，之所以依然被困于诸事之中，是因为我们没学会放下。

幸福的定义

要想幸福，我们首先得丢掉那些关于幸福的定义。这并不容易。我们每个人都有自己对幸福的定义。我们以为一定要有了这个或那个才能幸福，或者说，等这个或那个没有了，我们才会幸福。我们觉得要有些特定的条件才行：一定要有这个房子或车子，还有，那个人要跟我们一起生活我们才能幸福。对于幸福我们有诸多的定义。假如我们一直都不幸福，不欢喜，那是因为我们被困于这些定义中。所以说，我们要能将它们放下。那些关于幸福的定义，正是我们通往幸福的主要障碍。

无牛可失

有一天，佛陀在树林里和僧众一起安静地食用午餐。一个农夫急急忙忙赶过来问道："尊敬的僧人们，你们看到我的牛了吗？今天早上它们都不见了。如果牛没了，我该怎么活下去啊？害虫已经啃光了我的芝麻田，我一点儿收成都没有。我活不下去了。我想我会自寻了断的。"佛陀说道："亲爱的朋友，我们在这里坐了好一会儿了，没有看到牛经过。也许你可以去另一个方向找找。"于是农夫离开了。佛陀转向僧众说道："你们很幸运，没有牛可以失去。"牛代表我们需要放手的事情。我们对于幸福的定义就像一头牛，正因为这个定义，我们无法幸福。

为“牛”命名

我们每个人都需要坐下来，在纸上写下心中所有“牛”的名字，我们对于幸福的各种定义就藏在里面。我们困于其中，一直受苦。我们因此挣扎，却无法对它们放手。我们心中究竟有多少头“牛”？有时我们会发现，一张纸还写不下所有“牛”的名字。事实上，如果你能放开这些“牛”，你将会更轻松，而你的幸福会比以前多得多。放手吧，只有这样，幸福、喜悦和平静才能发生。

平静最为珍贵

觉醒在今天就能发生，不用等到十几二十年后。洞察力可以不断带来我们所需要的领悟，去理清我们的执着。如果我们的念头纠缠于愤怒、嫉妒或悲伤，我们可能时时刻刻、日复一日地沉浸于这种状态。这太遗憾了，因为与此同时，生命是美妙的。如果我们只专注于呼吸、只专注于发现身体的奇妙，我们就会明白，其他没有什么事情是真正重要的。唯一重要的，是我们身心的平静。任何人都可以获得这种洞见。当我们坐下时，我们可以陪伴呼吸，释放紧张，并拥有平静。这种平静是最珍贵的存在，胜过你所追求的一切。

自由是一种练习

如果你想要自由，只需专注于你的吸气和呼气。就这样呼吸三分钟，在这三分钟的时间里，你是自由的。这种自由，需要我们训练自己才能获得，它不是自动产生的。一旦有了自由，一旦我们不被愤怒和焦虑淹没，我们就能下定决心练习，培养这种自由。如果我们焦虑、担心或者生气，我们便无法做出好的决定。当我们无所束缚时，我们可以做出更好的选择。我们可以在任何时候，通过正念呼吸和正念行走的练习，来获得这种自由。

不要太忙

进行日常活动时，你是否会觉得缺点儿什么？当你洗碗、做饭、打扫厨房，当你走路、站立、坐着或躺下时，你在寻找什么？没有什么事需要你照料，你是自由的。无事需要你做，也无事需要你去追逐。你也许正在寻找什么，计算什么，或者有焦躁的感觉。你的双手和双脚可能总认为它们一定要做点事情。当你坐禅或行禅时，不要太过努力。你不用试图获得什么，禅修不应该是重体力活。禅修的原则就是保持平常的状态，不要过于繁忙。我们只需要正常地生活。

如果我们吃饭，我们就吃饭，不要说话；如果需要小便，我们就去小便；如果累了，我们就去休息。

对自己慈悲

请不要把愤怒、憎恨和贪婪当作你必须去斗争、毁灭和消除的敌人。如果你要消灭愤怒，你就是要消灭自己。用这种方式处理愤怒，就像是把自己送上战场，让自己支离破碎。假如你这般挣扎，就是在对自己施暴。倘若你无法对自己慈悲，也就无法对他人慈悲。当我们生气时，我们要觉知到："我很生气，愤怒在我之内，我就是愤怒。"这是第一步。你也可以念诵下面的偈语：

吸气，我感受我的愤怒，
呼气，我微笑。
我与呼吸同在，
不会迷失方向。

不责备

当你种下一棵树，而树长得不好，你不会责怪它，而是会观察它长不好的原因。也许它需要肥料，或者多一点水，少一点阳光。我们从来不会责备一棵树，但我们总是急于责怪我们的孩子。如果我们懂得如何照顾他，他就会像一棵树一样茁壮成长。责备不会带来丝毫益处。绝不要责备，绝不要用评理和争论的方式去试图说服一个人，它们从来不会带来任何正面的作用。这是我的经验之谈。不争论、不评理、不责备，只是去理解。倘若你理解了，并将其表现出来，你就可以去爱，而整个局面也会因此改变。

呼吸是座桥

呼吸就像一座连接身心的桥梁。日常生活中，也许我们的身体在一个地方，而思绪却在别处，在过去或者未来。这就是心不在焉的状态。呼吸是身体和思绪之间的连接。当你开始正念呼吸时，思绪就会回到身体上。你将能意识到身与心的合一，完全临在于当下，并在此时此地充满生机。你会在这一刻深度触摸生活。这并不难，每个人都能做到。

轻松地练习

在传统中医的诊疗中，大夫有时开给病患的中药，除了有疗效之外，味道也不错。光是服用，就能让你在愉悦而放松的状态下得到疗愈。练习也是同样的道理。当你练习静坐时，你享受静坐；当你练习呼吸时，你享受呼吸。如果你能感受到快乐，疗愈和转变就会随之发生。

解脱

我们常常就像活在梦里一般，不是被拽回过去，就是被拉到未来。因此我们被自己的悲伤、焦躁和恐惧所束缚，或者紧抓着愤怒不放，以至于难以与他人沟通。“解脱”意味着转化并超越这些状态，达到完全的觉醒、自在、平静、喜悦和鲜活。我们练习停下来、练习深入观察，以到达解脱之境。当我们以这种方式生活时，人生才是值得度过的，而且我们会成为家人和身边所有人的快乐之源。

放松而坐

你不会在坐着看电视时费任何力气，这就是你能一坐半天的原因。倘若你在坐禅时很使力，就无法坐很长时间。请模仿你坐在客厅的状态，毫不费力是成功的关键。无须挣扎，无须努力，只管让自己在那儿坐着。这种坐着的方式同样能让人安宁，要允许你的身体得到休息并感到舒适。

安下心来

如果你将新鲜果汁倒入玻璃杯静置十五分钟，所有的果肉都会沉淀到杯底。倘若你允许自己放松而平静地坐着，你的身体和思绪便能镇定并沉淀下来。以这种状态坐着，你将能享受每一次的吸气和呼气，享受生命的活力，享受单纯坐着的状态。

休息与放松的修习

请磬

我们内在本就存在安宁、平静和喜悦。若要让它们显现，则先要将它们唤起。请磬是唤起内在喜悦和安宁的方法之一。自十六岁起，我就开始请磬。如果请的是小磬，我会将它置于掌心，吸气，然后呼气。“吸气，我让自己平静下来。呼气，我微笑。”倘若你想邀请磬声，这里有一首可以熟记于心的偈语。吸气时，念第一句；呼气时，念第二句，以此类推：

身、语、意完美合一，
我将这磬声随心传递。

愿所有聆听者从失念中觉醒，
远离忧虑和悲伤。

聆听磬声

磬声就像朋友，帮助我们回归自我，平静下来。我们邀请安宁显现，有了磬声的帮助，思绪就能集中并回到当下。我们停止思考和谈话，回归自我，呼吸并放松。当你聆听磬声，也许会发觉你的入息和出息自然而然变得更加深长自如。下面是一首关于聆听磬声的偈语。“真正的家园”意味着你自己的岛屿，你的坚定、平静和喜悦。

聆听，聆听。
这美妙的声音
将我带回
真正的家园。

缓和忧虑

有时候，我们的想法和担心没完没了，就像头脑里有一卷录音带在反复播放。假如我们长时间把电视开着，它会发热。我们的大脑也一样，会因为想得太多而发热。如果我们停不下来，就可能无法有好的睡眠。即使服用安眠药，我们也会在梦中继续追逐、思考，继续担忧。正念呼吸，可以作为替代性药物。倘若我们练习五分钟的正念呼吸，让身体休息，那么这段时间内，我们的思考会停止。我们可以利用“吸”和“呼”这样的字眼来帮助自己觉知呼吸。这不是在思考，这些词也并非抽象概念，它们是对正念呼吸的引导。如果我们想得太多，生命的品质就会降低。思考一旦停止，生命的品质便会随之提高，同时也会有更多的平静、放松和休息。

吸，呼，深沉，缓慢

这里有一首偈语，你随时都可以练习，尤其是在你感到愤怒、忧虑或难过的时候。如果你懂得如何练习此偈语，那么仅仅一两分钟之后，你就会感觉好很多。

吸气，呼气。

深沉，缓慢。

平静，轻松。

微笑，释放。

当下一刻，美妙一刻。

“吸气，呼气”的意思是，当我吸气，我知道我在吸气，当我呼气，我知道我在呼气。百分百与呼吸同在，心无旁骛，这就是成功的秘诀。

在练习“吸气，呼气”三到五次后，你会发现入息自然而然变得深长，出息变得缓慢。你的呼吸很平静，而你也感觉更为安宁。这就是“深沉，缓慢”。

“平静，轻松”表示，“吸气，我感到平静。呼气，我感到轻松。”特别是在你紧张、气愤，或者觉得内心不安宁时，这个练习是极好的。

接下来是“微笑，释放。”“吸气，我微笑。”你也许会觉得很难笑出来，但在三四次的练习后，你或许觉得可以露出笑容。如果能笑起来，你会感觉好很多。

你大概会抗议：“为什么要让我笑？这不自然啊。”许多人这样问过我，他们断言：“我感受不到喜悦，无法勉强自己笑出来，那会是假笑。”

我常说，微笑可以是一种瑜伽练习，嘴的瑜伽。就算你感觉不到快乐，只管笑就好了。

一旦笑出来，你会发现自己有不一样的感受。有时是心在主导，但有时你得让身体来主导。

身体扫描

如果你只有几分钟的时间用来坐着或躺下放松，你可以进行一次身体扫描。从头顶开始，接着向下移至脚趾，将正念的觉知带到身体的各个部位。你可以把注意力引导至身体的多个位置。这种练习随时随地都可以做，你能以此得到休息，并释放身心的压力。

吸气，我觉知到眼睛。
呼气，我对眼睛微笑。

保持双眼的良好状态是很棒的。我们要照顾好自己的眼睛，时常让它们休息一下，尤其是在工作的时候。

吸气，我觉知到心脏。
呼气，我对心脏微笑。

你的心脏已经被你忽视很久了，你休息、工作和饮食的方式都可能给它造成麻烦。心脏夜以继日地为你的健康工作着，然而由于缺乏正念，你并没有给心脏带来什么好处。你可以每天抽出一两次时间，选择至少一个身体部位，专注地练习放松。

电话的禅修

如果你想拿起手机给某人打电话，先练习正念呼吸，让自己平静下来。

话语可传千里，
亦可修复沟通，
建立相互理解。
我愿接下来的交谈，
会让我们靠近，
彼此间的友谊
将如花儿绽放。

如果有电话找你，在接电话之前，你也可以练习正念呼吸。

我聆听，我聆听。
正念的电话铃声，
将我带回真正的家园。

电脑的禅修

铃声就像朋友，可以帮助我们。如果你用电脑工作，你可能会如此沉溺于其中而忘记自己有个身体，忘记自己还活着，甚至有时忘记呼吸。所以，你不妨设置一下电脑，让它每隔一刻钟响一次铃，让你能回归自我，露出笑容，用心呼吸，然后再投入工作。我们许多人都这样做过。铃声能提醒你回归自己，享受呼吸，这是一种美妙的休息方式。

深度放松

深度放松，是身体休息、疗愈和修复的机会。将注意力带到身体的每个部位：头发、头皮、大脑、耳朵、颈部、肩膀、手臂、双手、手指、肺部、每个内部器官、消化系统、骨盆、双腿、双脚、脚趾。把爱和关怀传递到身体的每一个部位，以及每一个细胞。

面部朝上躺在地板上，双臂置于身体的两侧，舒服地躺着，让自己放松。去感觉身体下面的地板，以及你和地板之间的接触。让身体慢慢地沉入地板。

觉知你的呼吸，入息和出息。随着你的吸气和呼气，去感受腹部的起伏。

吸气，将觉知带到双眼；呼气，让双眼放松。允许双眼重新沉入头部，释放眼睛里所有细小肌肉的紧张。你的双眼为你呈现了一个形态各异、色彩斑斓的天堂，让它们好好休息吧。为你的眼睛送去爱与感激。

吸气，将觉知带向嘴巴；呼气，让嘴巴放松，释放它周围的紧张。你的双唇如同花瓣，让微笑在其间绽放。微笑能释放脸部几百条肌肉的紧张，去感受你的面颊、下巴，还有喉咙得到的释放。

吸气，将觉知带到肩膀；呼气，让肩膀放松。任它们沉入地板，让所有累积的不安流向地板。你的双肩所负甚多，现在，借由你的关爱，让它们好好放松吧。

吸气，觉知手臂；呼气，放松手臂。让双臂沉入地板，依次放松上臂、手肘、下臂、手腕、双手，以及手指中所有细小的肌肉。如果需要，你可以轻轻移动手指，促进肌肉的放松。

吸气，将觉知带到心脏；呼气，让心脏放松。心脏已经被你忽略了很久，你工作、饮食，以及应对焦虑和紧张的方式，都会给它造成压力。你的心脏不分昼夜地跳动着，带着正念和温柔去拥抱它吧。跟你的心脏和解，好好照顾它。

吸气，将觉知带向双腿；呼气，让双腿放松。释放腿部所有的紧张，你的大腿、膝盖、小腿、脚踝、双脚、脚趾，以及脚趾中所有细小的肌肉。你可以轻微地动动脚趾，以促进放松。把你的爱与关怀传递到趾头上。

吸气，呼气，让整个身体像漂在水上的睡莲一样轻盈。你没有非去不可的地方，也没有非做不可的事。你就像那天上飘荡的云儿一般自由。

再次将觉知带回呼吸，去感受腹部的起伏。

跟随呼吸，觉知你的手臂和双腿，可以让它们轻轻活动，稍做拉伸。

如果你准备好了，请慢慢坐起来。

如果你准备好了，请慢慢站起身。

怎么吃

生活需要慢下来

这里包含了
与他人共食
及享用食物的沉思。

咀嚼食物时，
请你不要想着工作，
只关注手中的食物。

吃的要点

正念饮食

为了培养正念，在日常生活中，不管是走，是坐，工作或吃饭等，我们都应该保持觉知。做一件事时，我们内心应该明白我正在做这件事。吃饭时，心里应当知道我正在吃饭。开门时，心里应该知道我正在开门。我们的心意和行为应该是保持一致的。

当你把一片苹果送入口中时，仅仅需要一丝正念，就能够觉知："我正在往嘴里放一片苹果。"我们的心不要神游他方。如果你咀嚼着食物，而心却在想着工作，则不是正念饮食。当你能够专注于苹果本身，则是正念而食。更进一步，你还可以深入觉知，你会看见这苹果的种种缘起，一颗种子，美丽的果园，蔚蓝的天空，辛劳的果农以及采摘工等。你会惊讶地发现，原来一颗小小的苹果是如此来之不易。

不是因缘不际会

带着些微觉知，你将能够洞见这面包来自何处。面包并非凭空出现在你手上，需要依赖于麦地、农民辛劳耕作、面包师傅、供应商和营销商。当然，不仅仅只需要这些，还需要阳光雨露。因此一片面包里，有阳光，有雨露，有庄稼人的劳作，有丰收的喜悦，有面包师傅们的精心烘焙，于是就不可思议地出现了面包。这一切的因缘聚合到一起，才能机缘巧合地让面包出现在你手上。要体悟到这些，你无须下很多苦功。你仅需远离思虑和谋划。

身体属于大地

在现代世俗观念中，人们往往倾向于认为，身体属于他们个人，可以用来为所欲为。但事实上，你的身体并不单单属于你自己，它还属于你的祖先、父母，还有未来子孙。不仅如此，它还属于整个社会，以及所有生灵。树木、白云、土壤以及所有活着的生命才造就了当下的你。作为身体的守护者，我们并非只是拥有身体，我们更应该正念用餐，好好照料它。

用餐时心无旁骛

人们吃饭时，心里常常会想着其他事情。用餐时练习消除杂念，会使我们享受到吃饭的过程。我们可以做到只专注于食物本身。很多时候，我们嘴上在吃饭，但心里却没有在吃饭，没有用心，心不在当下，则不在吃饭。我们看，却视而不见；我们听，却听而不闻；我们吃，却不知其味。这是失念状态，也就是缺乏正念。要回到当下，我们就必须消除杂念，这是成功的秘密。

等待时，便只等待

当我们准备好饭菜，端上餐桌，等待他人入座时，我们无须觉得自己在等待。我们只需自然呼吸和享受安坐即可。虽然尚未享用食物，但是我们已经能够感受到喜悦与感恩，充分感受这份时光，可以让我们保持平静。

在杂货店排队买东西，或是等待用餐时，我们并不是在浪费时间。我们不需要等待，哪怕短短的一秒。事实上，我们可以享受呼气与吸气，滋养身心。利用这段时间，我们可以觉知，等待不久即将结束，这样心里会充满喜乐与感恩。如此，这段时间会是愉悦的，而不是焦虑的。

慢慢来

当我们能够坐下来用心品味食物时，我们生活的品质将得到提升。我喜欢静静坐着吃饭，每一刻都保持觉知，用心品味每一口食物，觉知周围人的存在，觉知着这食物背后的辛劳与爱。如此饮食，不仅身体获得滋养，精神上也是极度愉悦的。这样的用餐方式，影响着我一天生活的方方面面。

进食也是一种禅修，和打坐、行禅等一样重要。用好这段时间，我们可以从大地获得很多滋养，如果心不在焉，则无法从中受益。餐前，我喜欢念诵如下这首偈语：

时空中，呼吸间，
我们缓缓品味食物。
传承着祖先的生命，
通向那后代的希望。

我们可以利用饮食这段时间，感恩亲友无价的馈赠，也将这最珍贵的礼物向后代传承下去。

一勺食，一世界

专注于每一勺食物。当你把食物送入口中，运用你的心念去觉知，这一勺饭菜是整个世界给你的馈赠。天地通力合作，才运化出这一勺食物让你享用。你仅需片刻正念，于呼吸之间，就能体会出这些道理。以这样的方式进食，则每一口饭，每一刻都是充满着正念的。用餐时，不用几秒钟，就能看到，这一勺饭菜是全世界送给我们的礼物。所以，咀嚼饭菜时，应当持守这样的心念。咀嚼食物时，我们应当意识到，这一口食物里蕴含着整个宇宙。

只专注于两件事

就餐时，我们可以尝试着只专注两件事：我们正在吃的食物，以及周围一起用餐的伙伴。这被称为专注于食物与专注于团体。

以正念进食，我们会觉知这食物中蕴含了如此多的劳动与能量。与大家一起用餐，让我们明白，在紧张忙碌的生活里能够一起坐下来轻松愉悦地吃顿饭是多么珍贵。和家人或朋友一起正念呼吸，正念安坐，正念饮食，也被称为团体建设。

先观呼吸

坐下就餐时，首先要做的是停止妄念，随观呼吸。如此呼吸，能获得滋养。正念呼吸可以滋养自身，也可以滋养身边的人。这样，我们可以彼此滋养。

关掉电视

很多时候，人们边吃饭边看电视。即使关掉电视，你心里的电视还会不停播放。所以，在关掉有形的电视同时，你也需要关掉心里的电视。如果放任你的思绪驰骋，那么心也将是散乱的。要真正回到当下，你既需要关掉房间里的电视或收音机，还需停掉脑海里的各种对话与图像。

准备饭菜

当我们能够持有艺术的觉知，做出的饭菜将会非常美味健康。因为除了食材本身，你还投入了专注、爱和关怀。如此，大家在用餐时也接收到你的爱。如同你享受做饭的艺术，大家也可将身心投入这美味。用餐的过程不仅让身体获得满足，更让心灵得到滋养。

吃多少才够

我们并不需要吃太多才能感到满足。当我们能够完全安住当下，用心品味每一口饭菜，如此每一口都能给我们带来平和喜悦。如内心能够充满这样的喜悦，即使吃很少的食物，我们也会自然地得到满足。

厨房

做饭或是清扫时，如果我们练习正念，这厨房则成为理想的禅修场所。随着一呼一吸间练习专注当下，能够让我们更加轻松愉快地做饭清扫。如果我们和别人一起工作，只需些许言语简单交代工作内容即可。

切菜时练习静心

平和是可以通过练习达到的。无论我们切菜、做饭、洗碗碟、浇菜地、开车或工作，都可以练习平和。练习释放身心的疲惫与压力，这让我们能够一心不乱地工作。在厨房里劳作的时间，也是禅修的好时间。

气定神闲地做饭

做饭时，预留足够的时间，这样才不会因为时间不够而匆忙。如果我们觉知到，我们的身体，以及家人的身体，都依靠这些食物供给营养，那么这种觉知会引导我们，做出健康又充满爱心与正念的食物。

厨房变禅堂

在自家的厨房里，你可以布置一个角落，时刻提醒自己烹饪时保持正念。只需一个有一定容纳空间的架子，放上一个花瓶、一颗美丽的石头、一位先人或精神导师的照片，抑或一座雕像，只要是对你有意义的事物即可。进入厨房，练习正念呼吸，正念地开始工作，让厨房变成禅堂。

布置餐桌

正念饮食是一项重要的练习。我们关掉电视机，放下报纸，花五到十分钟时间一起工作，布置餐桌。短短几分钟内，完成这些工作，我们会非常喜悦。当食物端上餐桌，一切都已安排妥当，我们可以开始练习正念呼吸。“吸气，让身体放松，呼气，慢慢微笑”，三次这样的呼吸之后，就能完全恢复精神。

喜悦地做饭

做饭可以给我们带来快乐。洗菜时，我会试着体悟这水，觉知水奇妙的本性，我看到这些水，来自高山，来自地底，来到这里。我知道在这世上，还有很多地方，人们需要走很远的路，才能担一桶水回来。而在我们的厨房里，只要轻轻拧开水龙头，水就会源源不断地流出来。觉知到水是如此地珍贵，使我更加珍视水对于我们的意义。我也更珍惜电能，电的用途很广泛，可以用来照明，还可以用来烧水。我只要想到可以轻而易举地用水用电，心中就马上生起欢喜。切菜或做饭时，我也会带着爱心和正念，这些爱会透过食物传递给我们的朋友和家人。我们还可以轻松地发现做饭的喜悦与平和。用心审视一件东西，例如，一个番茄、一串葡萄，或一块豆腐，我们自然能够明白它们的奇妙本性。它们是如何在土地上生长，从一颗种子历经阳光雨水，慢慢长成现在这样。所以，试着重新调整生活，让我们预留足够的时间和精神，以一种闲适平和的心态享受做饭本身。渐渐地，厨房中充满的爱与平和会进入食物，供养给你的家人和你自己。

一米一世界

看到一粒米，即使是一刹那的正念与专注，也可以让我们看见，这小小的米粒，却蕴含着整个世界——雨水、云朵、大地、时间、空间、农夫等所有的一切。正念和专注会生出智慧，它使修行者看到如此之多，又是如此的自然而然。一旦有了正念与专注，洞察力便产生了。当你放入口中一粒米饭，你就是在放入整个世界。也只有当你能够停下杂念思虑，正念和专注才有可能。所以，咀嚼米饭时，便只咀嚼米饭，否则会因为想法纷杂而无法体会这美妙的时刻。

团体

在某些传统里，僧侣们希望转移对食物的注意力，转而专注于精神生活上的追求。而在梅村，恰恰相反，我们专注于食物本身。在天主教传统中，当进行圣餐时，人们将每一片面包都视为耶稣圣体的一部分。在佛教传统里，我们将每一片面包都视作宇宙的一部分。所有的一切都蕴含其中。当你能够正念咀嚼这片面包而没有胡思乱想时，那它所蕴含的一切，你都能看到。这也是为何当你能够正念品味每一片面包时，也代表你同时在与所有的生命交流。

别急，慢慢来

淡定从容地用餐是非常有益的。如果做到，吃饭的过程会非常愉悦。所以，慢慢享用早餐、午餐和晚餐。享用你的食物，停止一切思虑，让你的身心全然安住在此时、此地。

宇宙的使者

拾起一颗玉米粒，花片刻时间去审视它。从中，我们可以看到大地、阳光和雨水。需要所有的因缘聚合在一起，才有你手上的这颗玉米粒。因此，玉米是宇宙派来滋养我们的使者。仅仅只需一两秒的功夫，便能体会到这样的洞见。所以，把玉米放入口中，用心地咀嚼一口，就等于在向宇宙致敬。

咀嚼食物，而非咀嚼焦虑

很多时候，我们行为上在吃饭，却心不在焉。我们不停思考过去与未来，各种担忧与焦虑在脑中一直萦绕。因此，请放下生意、工作，以及一切非当下的事。不要反复咀嚼焦虑、恐惧和愤怒。如果心里一直装着计划或焦虑，那将很难对每一口食物心怀感恩。仅仅咀嚼食物就好。

通过练习获得滋养

多与家人和食物在一起。咀嚼食物时，不要闭上眼睛、视线低垂。和别人一起吃饭时，你可以睁开双眼用心注视他们。如果能够用心咀嚼食物，我们不仅能从食物上得到滋养，也能从正念、平和、喜悦的练习中得到滋养。

食物为药

佛陀驻世时，念诵的食存五观中的一观，认为食物也是药。但我想，当佛陀乞食到美味的食物时，他也会用心享用它。我认为，佛陀不会认为吃饭仅仅是吃药。我们都知道，食物可以滋养我们的身体。同时我们也可以抱着欣赏的心情来品味它。

疗愈

正念饮食，我们所吃的正是为了我们身心以及大地的健康。如是练习，能够减轻个人以及他人的苦痛。我们不仅开始学会疗愈自身，也尝试帮助疗愈全世界。作为修习心灵家庭的一员，世间家庭的一分子，通过练习正念，我们能够生活得更加安稳自在。

关掉收音机

为了能够正念地用餐，最好关掉心中的那台“收音机”：永不停歇的念头。即使我们的身体端端正正地坐着吃饭，我们的心可能早就神游他方了。为了让心安住当下，我们不得不关掉心中一直有的对话。专注于当下的吃饭才是自由自在的。不念过去、将来或是各种计划，我们才能够吃得自由。不论是独自一人或是与爱的人一起，我都是自由的。

我们的祖先在这土壤中

在成长过程中，坚果、水果、蔬菜、谷物等食物都需要从土壤中汲取营养。而在土壤里，曾经有很多人死亡、转化，然后成为土壤的一部分。所以，也许这一小口饭菜中，蕴含了几百世以前人的骨骼，或落叶、虫子、各种动物的肢体。也许，你的前世也到过那里、死在那里，你自己的身体也在那片土地中分解。所以，吃饭时，练习深入观察那口饭，并且观照所有造就它的因缘，每一口饭都蕴含如此之多的美妙，等待我们去发现与体会。

正念进食也是修行

吃饭时，对食物保持百分之百的专注。正念饮食是一项练习。喝茶时，每一念都很清醒，那么喝茶的乐趣将成倍增加。因为我们专注于茶，并且茶也是实实在在存在着。生活如此真实，有正念的生活就不会像在做梦。

用餐时止语

有时候，止语可以帮助我们练习正念用餐。这样我们可以专注于呼吸、食物以及身边的伙伴，帮助我们全然处于此时此地。

吃一颗四季豆

拿起一颗四季豆，花点时间端详它。整个世界都在这颗小小的四季豆里。有云朵、阳光、整个地球，还有农民们的心血。能够如此观察，就获取了智慧，而当我们有了智慧，便意味着我们能够保持正念与专注。不要咀嚼你的烦恼、痛苦或是计划，这些会损伤你的健康，仅仅只咀嚼这颗四季豆就好。

从当下获得滋养

日常生活中，我们经常从一件事匆匆奔向另一件。即便是中间的间隙，我们也在计划着如何完成工作，迷失于忙碌和计划中，离当下愈来愈远。用餐是个很好的机会，让我们停下匆忙的工作与心里的盘算，回到此时此刻。

佛陀如何饮食？

禅食是一项传统的练习，这一传统可以追溯到很久以前。在佛陀的一生中，他与僧众一起进食。他们每天一起安静地用餐，食物使他们获得滋养。我觉得他们吃饭时，不会盘算计划，或是想着过去和未来。我认为他们只是享受在一起的生活，享受好好吃饭本身。我们也可以像他们一样。

一顿饭的价值

买什么，吃什么，我们都应当深入思考。做好这些选择，有利于阻止气候恶化。合理的膳食可以滋养我们的身体，同时也可确保我们不会因自己的口腹之欲而伤害地球母亲。

一顿饭的价值并不仅取决于采购食物的成本或去餐厅消费的开销。就算只是煮一锅饭，稻米生长、收成、经销和烹煮的过程都历经艰辛。一顿美餐不代表要用多么昂贵的食材，而且往往最好的食材都是简单易得的。有些东西是超市没有卖的，无论你多么富有，也无法得到，只有带着正念、专注和洞察，才会让你获得这些真正的美食。

观呼吸

饭前，花片刻时间专注于呼气和吸气。将注意力转移到身体。让身体一直是可依靠的。你可以将注意力从想事情转移到身体上。在专注于食物之前，先全身心专注于身体。吸气，我察觉到身体一直在这儿。呼气，我对身体微笑。身体是父母以及祖先给我们的礼物。刚出生时，它还非常轻，随着我们一起长大。我们为担忧所累，慢慢地失去了童心与美感。正念饮食帮助我们重拾童心，同时也滋养我们的身心。用餐时，带着对身体的感恩之心，可以让我们更加轻松喜悦。

吃饭时好好坐着

有时我们是如此匆忙，以至于吃饭像是从一个地方赶到另一个地方。我们甚至在车里吃或边走边吃。请坐下吃东西，“坐下”是一个警示，告诉我们该停下来。你没有任何事要做，也不需要急着去往何处。

适量

饭前坐下呼吸时，用这段闲暇问自己，需要吃多少为够。我们会发现自己吃饭是因为饿了，还是饭点到了，或是只因食物在那里。只有当我们投入注意力且善用时间时，我们才会知道吃多少比较合适。正念即察觉当下这一刻有什么真实存在。存在的事实是你还活着，你仍然健康地活着。你面前的食物可以给你提供营养，维持你的健康。

一顿安静的饭

用餐时，是可以充满欢喜的，而安静用餐有助于我们找回自己，回到现在。也许你想挑一周中的某一天，安安静静地吃饭。真正的安静，不仅是外部环境的安静，最重要的是停下头脑中的思绪。你可以每周安静地吃同样的食物，你可以一个人安静地吃。当然如果你的朋友或家人想要加入，那更好。安静能够帮你回到正念呼吸，还能停掉你心中的各种会话。放松、呼吸、微笑。这样一顿美妙的饭，可以带来更多喜悦。

谷歌公司的一顿饭

访问谷歌公司时，我与一些员工共享了一顿安静的饭。之后，他们写信给我，说："我从未吃过如此欢喜的一顿饭。我感到非常祥和喜悦。在那个满是员工的餐厅，没有任何人讲话。吃饭的过程中，大家都非常安静。在谷歌的历史上，这是我第一次经历这样特别的体验。"

准备饭菜

安排每天的日程时，需要留有足够的时间安心用餐。用餐的地方和食物都要适当。选择吃什么非常重要。告诉我你平时吃什么，我就能说出你是怎么样的一个人。告诉我你平时在哪儿用餐，我也能说出你是怎么样的一个人。

人如其食。当我们深入观照每日所食，也会发现我们的本性。我们必须吃、喝、摄取营养，若不持有正念，这些行为可能会损害我们的身体及心识。一顿饭是一个好机会，让我们能够感恩前人及身后的未来。

选择食物

我们食用和生产食物的方式可能非常暴力。其对其他物种，同时对自己的身体以及地球都是如此有害。也有可能，我们种植、配送以及进食也可以成为更大疗愈的一部分。我们可以有所选择。

我们的星球因为人类错误的饮食方式饱受折磨。森林被夷为平地，用来种植粮食与饲养牲畜，而饲养牲畜的方式又污染了水和空气。大量谷物和水被消耗，来制造酒精。虽然地球有能力喂饱全世界的人口，每年仍然还有数以万计的儿童死于饥饿和营养不良。

每一餐，我们都在选择是帮助地球，还是伤害地球。“今天要吃什么？”是一个很深奥的问题。你每天早上都要这样问自己。随着修习正念进食与深入观照饮食，你对食物的欲求可能会改变。我们的快乐与地球的快乐是紧密交织的。

吃是一门艺术

吃得好是一门艺术。这不需要高超的烹饪技术，但需要练习和专注。你的身体不仅仅是你个人的，更是一份礼物和职责。为了养护好它，我们需要知道健康的饮食方式。

素食

联合国粮食及农业组织调查得出，至少削减 50% 的肉食工业才能拯救我们的地球。光是成为素食者这一简单的行动就可以改善地球的健康。

如果一时半会无法完全素食，还可以尽量降低肉类的摄入量。即使只是每个月坚持减少 5 到 10 天的摄取肉食，你就已经在很大程度上帮助地球了。试着减少至少 50% 的肉类摄取吧，这会滋养你的慈悲心。如果意识到地球因为你的生活方式而变得更好，喜悦就会从心中升起。

地球与我们一体

我们的食物全部来自这颗美丽的星球。地球就在我们身体中，在我们吃下去的每一口食物中，在我们呼吸的空气中，在我们饮用以及流动在身体的水分中。我们要享受成为地球的一部分，以这种角度看，让我们能认识到每一口食物都在加深自己与地球的连接。

注意你的食物

在你用餐的桌上，也许放了一碟红辣椒酱料。它令人垂涎欲滴。但是，深入观察后，你知道自己对辣椒非常敏感，一旦吃掉这些，也许会损坏你的消化系统。所以，尽管辣椒非常爽口，但却不利于你的健康。很多东西往往美味但不健康，所以我们对要吃什么需要非常谨慎。食物健康很重要，健康却不美味也不理想。你需要同时兼顾健康与美味。

祝你胃口好!

饭前，我们会祝福对方用餐愉快，就像睡前互道晚安。在越南，人们会说，“睡一个甜美的好觉”。在越南语里，“甜美”一词往往意味着“健康”。因此美味的食物必定是健康的食物。我们吃美味的食物是为了补充营养和维持健康。有一些食物虽然可口，但会损坏身心，是有害的。

当你能正念用餐时，就能“甜美”地享用食物。如果你觉得不开心，或者觉得做得不够好，可以向修行的前辈请教:“可否指点一下，如何才能‘甜美’地进食？”

百般束缚

饮食也是修行。这种修行一定可以滋养我们，既包含身体，也包括心灵。

吃东西时，如果被担忧、愤怒、烦躁、压力或是计划等百般束缚，就会像用一百条绳子把你拉向一百个方向。如此，食物和吃饭的体验会变得空洞、毫无价值。所以，你要妥善安排，无论何时吃饭，都抱着这样的目标——自在地饮食。

如婴儿一样吮吸

当我讲学/开示时，听众当中常会有几名婴儿，其中有些正在吃奶。婴儿不知道磬为何物，也不明白“正念”一词的意义。但他们受到母体的滋养，也受到磬声和讲学/开示的滋润。当每个人吸气呼气时，集体的能量非常祥和。他们在摄取许许多多不同的滋养——来自母亲的乳汁、请磬的声音以及周边大家的正念力量。

禅修也是食粮

禅修练习能够滋养我们，因此也是一种食物。把佛陀教导的修行方法当作一种食物，任何一种修持都是食物。行禅就像美食，进食是美食，坐禅是美食，工作禅也是美食。

准备一顿饭菜

我们可以以修行的方式准备饭菜。一顿美食会带来滋养和疗愈，美味可口，能够营造平静的氛围。很多人善于筹划，他们每天做很多事情，却经常忘记吃饭。他们盘算一天的事情，却没有把正念进食考虑进去。安排一顿饭需要预留时间，并且要排除杂念和忧虑。保持放松的心情，这样会带来喜悦。这不需要太多时间筹划，影响却很深远。

用餐和微笑

坐在餐桌前与他人一起用餐时，我们可以趁着这个机会展露微笑，表达友谊与理解。这很容易做到，但是去做的人很少。对我来说，这项练习最重要的部分，是注视着别人和保持微笑。一个家庭或者团体坐靠在一起却没有微笑，是不好的现象。用完餐时，还可以稍微花点时间意识到自己吃完了，碗现在是空的，饥饿感也得到满足。这又是另外一个保持微笑与感恩的机会，感恩有这些食物来滋养你，支持你在爱与理解的道路上前行。

与孩子们静静用餐

有一些家长可能觉得，与他们的孩子一起安静地用餐不太可能。其实，孩子们是可以安静用餐的，5 分钟、10 分钟，甚至 20 分钟，他们会很享受这个过程。

长养慈悲心

能够与家人、朋友坐在一起享用美食是很难得的，不是所有人都有这样的机会。在这世间，还有很多人吃不饱饭。当我手里托着一碗温暖、美味的饭，我明白自己是多么幸运，同时会升起慈悲心，也悲悯那些忍饥挨饿以及没有家人与朋友的人们。我们在餐桌上，就能培养慈悲的种子，这颗种子会激励我们下定决心，去帮助更多饥寒交迫、孤独无依的人。

用餐时正念交谈

我并不提倡每顿饭都止语。我觉得，用餐时交谈是维系情感的重要部分。但是有必要分辨不同种类的谈话。某一些主题会让大家不和，例如，讲别人的坏话。如果这类的讨论主导整个吃饭的过程，那么精心准备的饭菜将会失去价值。相反，如果我们交谈的是好的内容，例如关于有益健康的食物以及大家的相聚，如此，幸福会增加。

少讨论伤害别人感情与有损食物美味的话题。如果有人在想的不是餐桌上的食物，而是其他事情，比如工作上的困难或与朋友的冲突，这意味着他正在远离当下与食物。你可以帮他一起把注意力转移回食物上。

用餐前请磬

在梅村禅修中心，在饭前，我们会请磬三次，之后我们会安静用餐大概 20 分钟。吃饭时止语，我们会全然觉知食物对我们身心的裨益。为了加深练习专注吃饭和维持平静氛围，我们在练习止语的过程中，保持坐着。用餐结束时，会请两声磬，之后可以与朋友正念聊天，或者起身离开。

吃早餐的目的

几年前，有一次我问一些小孩：“吃早餐的目的是什么？”一个小男生回答：“为了获取能量”。另外一个则回答：“吃早饭的目的就是吃早饭。”我觉得第二个小朋友的观点更正确。用餐的目的就是用餐本身。

充实的人生

如果觉得饥饿，不必去从冰箱找东西来填补饥饿。如果你这样不停地吃，是因为你内心感到饥饿、空虚、孤独、沮丧。事实上，日常生活的每一刻都可以充满喜悦，从事有意义的活动。我们的生活圈子除了家人、朋友之外，还包括我们跟其他众生的连接。他们随时都在帮助我们走出这些糟糕的感觉，我们并不孤单。所以，一起分享食物不仅是为了维持身体健康或庆祝生活中的喜事，更是为了在用餐过程中体验身处一个祥和团体的自由、快乐及喜悦。

真的去看

看着一起用餐的人们时，我们只需要片刻就可以真正地观察他们。并不需要两个小时之久，才能够观察另外一个人。如果我们内心确实安定，那么仅需片刻注视，就足够了。我觉得如果一个家庭有五个成员，只需五到十秒就可以练习“观看”。

获得支持

假设你进食有困难，例如，你吃得太多并因此感到烦恼和痛苦。这种情形下，重拾快乐的方法是和支持你的人一起用餐。皈依共修团体可以在很大程度上帮助你。无论修持什么，我们都需要一个团体提携。甚至即使你是一个人生活与修行，你也不是一个人在路上。例如，你吃的食物来自多方制作。还有很多微生物、细菌以及其他的微小生命都在你的食物、你的身体以及周围环境之中。你的祖先后代也与你同在，流淌在你的血液中。

享受洗碗

当我还是小沙弥时，我要为上百位僧侣洗碗。那时，没有任何自来水，没有冷水，没有热水，更没有洗洁精。你也许会好奇，没有这些，我们是怎么洗碗的！我们只有灰烬、稻谷壳以及椰子皮。在我的国家，现在依然有很多人在用这些洗碗。首先，剥下一层椰子皮，晒干后用来清洗盘子和碗。当时，在洗碗前，我们得先烧一大壶热水。作为小沙弥，我们必须去一片满是松树的小山上收集柴草。我们收集很多树枝和松针放入炉子，烧火然后做饭烧汤。

我们两个小沙弥得为上百位僧人洗碗。但即使没有自来水和洗洁精，一起洗碗也有很多乐趣。现在，有些国家有非常便利的现代化的厨房设施：不管是热水还是凉水，源源不断地供应给厨房，你要做的只是拧开水龙头。

你可以站在那里，享受洗碗的快乐。但是，也许你很懒，看到一大堆脏碗碟，就不想走过去洗。但是，一旦你卷起衣袖开始清洗，一切都不再那么难。

无论你是身处现代国家，还是你仅仅有水井可用，都可以好好享受洗碗的时光。

洗碗也是禅修

假设佛陀、穆罕默德、摩西或耶稣刚刚出生，还是一个小宝宝。你会非常期望用清水帮他们洗澡。把每一个碗碟当作一个小宝宝来洗：吸气，感受喜悦，呼气，微笑。

每一刻都可以是神圣的。你所追寻的灵性在哪里呢？在日常生活中，你所做的每一件事中。一旦你持有着正念，不管是扫地、洗菜、洗碗都可以变得神圣。伴随着正念与专注，一切都具有了灵性。

零食冥想

一位青年朋友曾经问我如何练习正念。我给了他一个橘子，但是他继续讲述他的许许多多的计划——他为世界和平、社会公正等做的一系列付出。当他吃东西时，他也在思考和说话。他剥下橘皮，掰开橘瓣，一次塞入嘴里好几瓣，然后囫囵吞枣地咽下去。

我说，“吉姆，停一下！吃橘子。”他看着我，会过意来。于是不再说话，而是开始保持正念，更加缓慢地品味每一片橘子。他把剩下的橘子小心掰开，闻一闻它们诱人的清香，然后一次只往嘴里放一瓣，细细品味咀嚼每一口，让橘子的香味满溢口中。吃橘子是为了什么？仅仅只是行为本身。吃橘子时，吃橘子本身就是最重要的事情。

下次吃橘子时，可以把它放在手上，然后用心观察橘子到底是什么。这并不会花费很长时间，两三秒就够了。端详它，你看见这一颗美丽的橘子，在阳光雨露的滋润下，从一个小橘子慢慢长大成形。可以想见，一个小橘子渐渐从青绿色变成现在的橘黄色。慢慢剥开它，闻一闻它的香气，尝一尝它的味道，细细品味，心中万分欢喜。

做任何事，都可以这样用心地做。无论是种菜、清洗盘子、写诗还是合计账务，等等，我们都可以保持专注与觉知。

饮一朵云

一些简单寻常的事，例如，喝一杯茶，都可以给我们带来极大的愉悦感，帮助我们感受与大地的联系。当我们能够专注于其中，这一饮茶的方式会改变我们的生活。

很多时候，我们忙于处理日常事务，期待着什么时候有时间了，可以停下来用心喝一杯茶。不过当最终坐下来捧起了一杯茶时，心仍然盘算着未来，我们无法真正做到享受现在做的事，丧失了喝茶的乐趣。所以，在日常生活里，我们需要每时每刻都保持觉知。你认为做其他的一些琐事没有喝茶开心，那是因为你没有觉知。一旦开始觉知，你会发现做这些琐事也是非常享受的。

喝茶虽然简单，却可以每天给我们带来愉悦。为了能够真正品味到茶，我们需要全然地回到当下，并且一直清楚了然——我此刻是在喝茶。

举起茶杯，你可能会喜欢闻茶的清新香气。深入观照这杯茶，就会发现你正在饮用的芳草植物，是来自地球母亲的馈赠。你还看到采茶人的劳作，看到来自斯里兰卡、中国、越南的芳香茶园和庄园。你知道你在饮一朵云，在喝雨露。一杯茶含有整个世界。

适量

正念饮食可以让我们知道，自己吃多少会比较合适。我们应该只取够吃的分量。事实上，人们倾向于无视适度的原则。很多人过去每天吃的食物已经远超所需。我们可以观察到，那些吃得少的人更健康，也更快乐，而那些吃得太多的人则伴有各种痛苦。如果我们能够细嚼慢咽，只吃健康的食物，就不会把疾病带入身心。

吃零食

肚子饿的时候，吃一点零食可以补充能量。但事实上，我们吃零食，大部分是因为孤独或焦虑，并由此养成了吃零食的习惯。当遇到这种情况时，正念呼吸可以很好地帮助我们，让我们的身体“吃到”正念，领悟及拥抱好的感觉。在一次正念呼吸后，也许会让你减少对零食的欲望，不再会去想用零食填满身心。这样，身体会因正念呼吸获得滋养。

品味内在的感觉

我们人类有许多感觉，有积极的，也有消极的。开心的时候，一些人倾向于吃得更多，而有些人则倾向于吃少一些。一些人会因为沮丧悲伤而暴饮暴食，期望以此来赶走那些糟糕的感觉。于是，食物某种程度上变成了一种贪求，而非仅是营养之源。如果我们不去深入观照这种欲望，它会慢慢滋长。只要花点时间，用正念和慈悲好好照顾这些情绪，就可以培养健康的饮食习惯。这样，我们可以无所贪求地品尝食物，慢慢与饮食发展出一种健康且良性的关系。

以正念滋养自己

我们有时会打开冰箱，拿出一样对身体没好处的食物，这种经验人人都有。我们够聪明，知道这种食物不利于健康，但还是吃了，好掩盖内心的不安——借助吃东西，我们忘记了自己的担忧和焦虑，也压抑了恐惧、愤怒等负能量。与其沉溺在焦虑感中，不如引入正念的力量，让它慢慢显现。练习正念走路和正念呼吸，能够产生正念的能量，并帮助自身照料那些让我们痛苦的能量。这样练习下来，就会有足够的正念能量去照料内心的恐惧、愤怒以及其他的负面情绪。

正念饮食，老少皆宜

正念饮食这项练习有益于我们自身，我们的家庭，我们的社会，以及这个我们赖以生存的星球。这是任何年龄的任何人都可以做的。

吃的乐趣

吃东西应该是件开心的事。我用筷子、汤勺、叉子或手来取用食物时，会稍微看一下食物才放进嘴巴。当我能够安住于当下，无论是苹果、萝卜，还是马铃薯，我都能够正确辨识它。对它微笑，然后慢慢放入口中，用心咀嚼，感受其中的味道。以这样的方式咀嚼食物，生命、喜悦和安稳以及无有恐惧都将可能。如此用餐后，我感觉到不仅是身体获得滋养，同时精神上和灵性上都获得了滋养。

静观饮食

静观我们的食物

用餐前，花些许时间来静观我们的食物，可以给我们带来更多喜悦。我们看着食物，真正地觉知到面前的食物。所有的人、动物、植物、矿藏以及所有的因缘，他们一起和合为餐桌上的食物。这些食物揭示了我们与地球母亲以及其他生命之间的紧密联系。我们不应忘记吃饭是为了让自己健康，同时也是为了地球母亲的健康。以下的观想方法和偈语可以帮助我们练习正念饮食。

实践食存五观

我们可以在饭前念诵以下食存五观，来提醒我们回到当下，全心全意享用食物。你可以打印出来，然后大声念诵，或者你也可以背下来。这样，它们就成为吃饭的一部分。

但食存五观不应只是拿来在餐前阅读或念诵而已，否则只会沦为吃饭前应付一下的例行公事，然后吃饭时又回到边吃边思虑的老样子。在整个用餐的过程中，都要尽力实践食存五观。只有能够正念饮食，你才配得上你的食物，因为这些盘中食物是无数的爱与努力的结晶。

食存五观

一、**计功多少，量彼来处。**面前的食物是天地的礼物，是无数众生以爱心辛劳工作的成果。

二、**忖己德行，全缺应供。**愿我们在正念中，心怀感恩进食，好让我们配得上受用这些食物。

三、**防心离过，贪等为宗。**愿我们觉知和转化不善的心念，尤其是贪念，并学习适量进食。

四、**正事良药，为疗形枯。**愿我们常怀慈悲，进食的方式要能减少众生的痛苦，停止助长气候变化，疗愈和保护珍贵的地球。

五、**为成道业，应受此食。**我们接受这些食物，以培育彼此间的手足情谊，营建我们所属的共同体，滋养我们为众生服务的理想。

来自地球的礼物

第一项观想：计功多少，量彼来处。面前的食物是天地的礼物，是无数众生以爱心辛劳工作的成果。

第一项观想提醒我们，食物来自天地。它是大地、天空及很多人辛劳工作的结晶。无数人爱的劳作才汇聚成这餐桌上的美味。这一观想，让我们洞见到一个即蕴含所有。当你夹起一根胡萝卜，可以从中看到：大地、天空、整个宇宙和合而生出这根神奇的胡萝卜。无数生灵的劳动、爱与各种元素都凝聚于其中。将其放入口中，整个宇宙与你之间便建立了连接。一串甜菜根、一头莴苣或一块面包都可以帮我们触摸爱、劳动以及产生这些食物的种种困难。即使你自己种东西吃，你也仍然不是一个人能完成，你依然需要借助很多人一起帮助食物成长，你是这个团体的一部分。透过你种的食物，可以看到许多其他人的珍贵劳动与参与。

感恩

第二项观想：忖己德行，全缺应供。愿我们在正念中，心怀感恩进食，好让我们配得上受用这些食物。

第二项观想提醒我们食物的存在并且我们需要感恩拥有它。切莫让你的心执着于过去或迷失于未来。既然食物已经为我们到场，我们也要为食物而在，这样才公平。正念饮食才对得起这一片天地。

一旦你去深入观想这食物中蕴含着的辛劳，感恩之情便会油然而生。多少人的劳动才将这些食物送到餐桌，只有正念饮食，才对得起这些辛勤劳动。

节制饮食

第三项观想：防心离过，贪等为宗。愿我们觉知和转化不善的心念，尤其是贪念，并学习适量进食。

第三项观想是觉知我们的负面习惯，不要让自己失去自主。我们需得学习节制饮食，学习适量而食。不过量饮食非常重要。当你能够慢慢吃、慢慢咀嚼，你会获得更多滋养。适量的食物可以帮助我们保持健康。

佛陀经常提醒僧人们要适量而食。节制的饮食意味着轻盈健康的体魄。“病从口入”，所以我们需要观照我们所食用的，并且知道什么该吃，什么不该吃。以佛陀之眼观照这些。食物的质量与数量都非常重要。过去每一位僧侣都有一个钵，叫作“应量器”，可以用来提醒多少食物比较合适。在化缘的过程中，如果有人获得了过量的食物，便会分给其他的同修。这钵很有用，如同知晓食物质量一样，它可以帮助僧侣精确地控制合适的分量。

饮食减轻苦难

第四项观想：正事良药，为疗形枯。愿我们常怀慈悲，进食的方式要能减少众生的痛苦，停止助长气候变化，疗愈和保护珍贵的地球。

第四项观想说的是我们食物的质量。我们决心只摄取对自己的身体和心灵无害、能保持健康、滋养我们慈悲心的食物。当你以这样的方式进食，就可以在生活中保持慈悲，这就是正念饮食。

有时候，即使我们不饿，我们也会用吃来隐藏内心的痛苦。我们可以以一种不遮掩痛苦的方式来吃饭，我们可以面对痛苦并设法转变痛苦。你甚至可以对你的痛苦微笑，因为痛苦可以帮助我们转变，让我们成长。认识到困难，能帮助我们了解痛苦产生的缘起。带着觉知，我们不再害怕烦恼和痛苦。我们学习如何在烦恼的淤泥中生出觉悟的莲花。

养育众生

第五项观想：为成道业，应受此食。我们接受这些食物，以培育彼此间的手足情谊，营建我们所属的共同体，滋养我们为众生服务的理想。

第五项观想提醒我们要意识到，我们得到食物是为了实现某些事。我们活得应该有意义，这意义就是帮助人们减少痛苦，帮助他们感受生活的乐趣。当我们心中有同情心，我们知道我们能够帮助一个人减少痛苦，这时生命的意义就提升了。这是一个重要的滋养来源，可以给我们带来许多快乐。一个人能够帮助许多生命。无论身处何地，都可以帮助他人。

年轻人的食物六观

一家人坐在一起正念地用餐是非常愉悦的体验。这篇食物六观特别为年轻人而写，但同时任何人都可以在餐前念诵：

一、这份食物是整个宇宙的礼物：大地、天空、雨水和阳光。

二、我们感谢那些生产食物的人，特别是农民、市场商贩和厨师。

三、吃多少，就拿多少。

四、我们要慢慢咀嚼食物，这样我们才能享受它。

五、食物给我们能量，以学习更多的爱和理解。

六、我们为健康快乐，像家人一样彼此相爱而饮食。

准备食物

在这食物中，
我清晰地看到，
整个宇宙的实相
正维系着我的存在。

这首偈语帮助我们看到自己的生命和其他所有生命都是紧密连接的。吃东西是深度的练习。当你准备食物，或者其他人帮你准备食物时，花片刻时间注视食物并对它微笑。这其中有阳光、白云、天空、大地、农民，一切事物。

深入观察一颗桃子，不要立刻吃掉。用心看着它然后对它微笑。如果保持着正念，你会看到：阳光在里面，许多的爱在里面，很多劳作在里面。之后，当你吃下这颗桃子，请尽量放下心中的计划以及忧虑，只咀嚼品味桃子本身就好。正念地享用这颗桃子，因为它是个奇迹。你自身也同样是一个奇迹。所以，用心吃桃子，用餐的每一刻都应该是喜悦的。不是所有人都有机会如此坐下，然后享用每一顿食物。我们非常幸运。

观照你的餐盘

谁知盘中餐，

如此芬芳与美味，

却也饱含着无数的辛苦。

这首偈语来自一首越南民歌。当我们看着餐盘，里面装满了美味可口的食物，这时也要意识到饥民的痛苦。每一天，无数的小孩死于饥饿与营养不良。看着餐盘，就看到了地球母亲、农民，以及不公平的食物分配体系。

欧美人早已习惯了享用来自世界各地进口的食物，无论是哥伦比亚的咖啡，加纳的巧克力，还是泰国的大米。许多来自这些食品原产国的小孩（除了那些富裕家庭的孩子）从来没见过这些高档食品，因为这是专门用来出口赚钱的。很多家庭穷困潦倒、食不果腹，以至于父母不得不把孩子卖到有足够粮食的人家为奴。

饭前，我们可以先正念双手合十，想想那些没有足够食物安生的人。缓慢专注地呼吸三次，并且诵念这首偈语。这样做可以帮助我们持守正念。愿我们能够发现更简朴的生活方式，促使我们有足够的时间和能量去改变世界现存的不公平。

开始用餐

第一口饭，我练习爱，带来快乐。

第二口饭，我练习爱，减轻烦恼。

第三口饭，我练习活着的喜悦。

第四口饭，我练习对众生的平等博爱。

吃第一口饭时，我们表达感恩，承诺至少为一人带去欢喜。吃第二口饭时，我们可以承诺帮助至少一人减轻痛苦。吃第三口饭时，我们就接触到生命的奇迹。吃第四口饭时，我们练习广博的包容与爱。最后，让我们摄入食物并且与之内在本性建立连接。

观照空碗

我的碗，现在是空的，

很快将会填满珍贵的食物。

地球上芸芸众生皆努力求生。

拥有足够的食物，我们是多么幸运。

地球上有许多人注视着空碗，他们明白这碗还得空很长一段时间。所以空的碗和满的碗一样宝贵。这让我们感恩有食物可以吃，也让我们去想办法帮助那些忍饥挨饿的人。

结束用餐

我的碗已空。

我的饥饿感得到满足。

我发愿

为众生而活。

饭后，不要急着去做另外的事情。而是花片刻感恩吃下的食物，以及促成此刻的所有因缘。人们往往在饭前祈祷感恩食物，但饭后则忘得一干二净，但其实我们吃饱喝足后的感恩程度，跟用餐前念诵食存五观应该是一样的。只有我们能够平和喜悦地生活，才对得起这来自世界的馈赠，才对得起下一代人。

捧起茶杯

这杯茶在我的双手间，
全身心地持守正念。
我的身与心都投入在，
此时此刻。

喝茶时，无论身处何地，办公室、咖啡厅抑或是家里，留下足够的时间慢慢品味会很愉悦。特别是如果天气比较寒冷，你会感受到茶杯的温暖。吸气时念诵第一句，呼气时念诵第二句。再一次吸气念诵第三句，接着呼气念诵第四句。如是正念呼吸，自身获得疗愈，这杯茶也达到很高的境地。如果失去正念，这杯茶则不是这杯茶，而是我们内心的错觉和痛苦。当茶变得真实，我们也变得真实。当我们能够从心里面遇到这杯茶，这一刻我们才真正活着。

帮婴儿洗澡

清洗碗碟，

就像帮小佛陀洗澡。

生活就是修行。

当下的心即是佛心。

当你打扫厨房或是清洗碗碟时，把每一个碗碟当作一个小孩来洗。这样，喜悦与宁静便散发出来。只有当我们远离了当下，洗碗才会变成一件烦心事。一旦我们站在水槽前面卷起袖子，把手放进温水中，就会知道，这其实一点也不糟糕。我很享受与每一个碗共处的时光，并且能够全然觉知到碗、水以及我手的每个动作。我心里知道，如果心中想着去吃点心或喝茶，然后匆匆忙忙地把碗洗完，我也就不会欢喜了。那样将非常遗憾，即使这些碗碟及洗碗本身都是很神奇的事。

如果我们无法愉悦地洗碗，而是想着赶快做完然后去吃点心或者喝茶。那么，就算坐下来去吃茶点，我们也无法开心享用。手里捧着茶杯，却盘算着后面做什么，就领略不到茶的清香与芬芳，喝茶的愉悦也跟着消失。我将因为恐惧未来，而无法活在当下。洗碗的这一刻和其他时刻同等重要。

食物残渣变肥料

于垃圾里，我见到了玫瑰。

于玫瑰中，我见到了垃圾。

万物都在转化中。

甚至永恒也是无常的。

当我们把食物丢到垃圾堆里，它会变得臭不可闻。特别是腐坏的有机物更是难闻。但是它却可以变成宝贵的肥料。玫瑰的芬芳与刺鼻的堆肥是两种形式的一种本质存在。两者互为存在的前提。一切都在不断转变中。玫瑰盛放，六天后枯萎，进而化为肥料的一部分。六个月后，肥料又转化为玫瑰。

摆脱困境

我知道地球是我们的母亲，

是伟大的生命。

我发愿去保护它，

同时它也保护着我。

我们练习正念，并不只是疗愈我们自身以及我们爱的人，也是为了帮助地球摆脱当下的困境。明白什么该吃以及什么不该吃，可以帮助我们维持身体、心灵以及地球的健康，也能减少对他人造成的痛苦。正念饮食让我们远离困苦，不仅仅是自身的苦难，还有远离战争、贫穷以及气候危机。地球现在需要我们用正念摄取食物，人类才有继续存活、蓬勃发展的希望。

怎么坐

生活需要慢下来

首先，无论你在做什么，
请停下来。
现在，请找一个舒服的地方坐下来，
任何地方都可以。
关注你的呼吸。
吸气，觉知你正在吸气；
呼气，觉知你正在呼气。

坐的要点

坐之注意事项

我们中许多人花费很多时间坐着——实在太多时间。我们坐着工作，我们坐在电脑前，我们坐着开车。“坐”这个动作在本书里意味着以一种享受的方式坐着，放松地坐着，让自己保持清醒、平静和清明。这就是我们所谓的“坐禅”，这需要一定的训练和修习。

身、心和呼吸

在我们的日常生活中，我们的注意力是散乱的。我们的身体在一个地方，呼吸却被忽略，心绪凌乱。当把注意力放到自己的呼吸，当我们吸气的时候，身体、呼吸和心这三者就可以合一。这种合一的发生只要一两秒钟就可以，你就回到了自己。你的觉知可以将这三个元素合一，你变得全然地活在此地当下。你开始疗愈自己的身体、呼吸和心。

当你煲汤的时候，你必须恰如其分地把所有适当的食材放到一起，让它们慢慢炖着。我们的呼吸好似汤底，把不同的元素聚到一起。通过呼吸，我们涤荡自己的精神和心灵，由此它们合二为一。我们由此变得完整起来。

我们不需要控制自己的身、心和呼吸。我们只是在那里与它们同在，任由它们如其所是，这就是非暴力。

平和具有感染力

正念的力量可以帮助你改善自己的状态。只是关注你的呼吸，让呼吸如其所是，你将会发现自己的呼吸自然而然变得更平静、更深长、更协调。这就是简单的觉知的力量。当你的呼吸变得更深、更平静，它就可以立刻对你的身心产生影响。平和与安静深富感染力。

海洋上的航船

想象一艘坐满了人的航船正在穿越海洋，航船被风暴攫住。但凡船上有任何人恐慌、行为鲁莽，就会让整艘船陷入危险。但即使只有一个人是平静的，那这个人就可以将平静感染到其他人。此人的存在可以拯救整艘船。这就是无为的力量。我们身心的状态是所有适当行为的基础。我们细致地观察自己的行为和周遭人的行为，我们可以由这些行为了解其背后的身心状态。

什么都不做

想象许多树一起站立在森林之中。它们并不说话，但可以感受彼此的存在。当你看到它们时，你可能认为它们什么都没做。但它们在生长，且为生物呼吸提供新鲜的空气。比起将“坐禅”描述为专注、深观和开悟的修习，我更喜欢将其描述为坐着，享受什么都不做的状态——全然地活着，并且与我们正在工作的身体、新鲜的空气、人声和鸟叫声、颜色变幻的天空相连接。

禅

术语“坐禅”用以形容带着觉知地坐着。“禅”在日语中的发音是“zen”，在梵语里是“dhyana”。禅是一种简单地停下且深入观察的修习。你并不是非得坐着才能禅修。任何时候，只要你能保持深观，无论你在走、切菜、刷牙或者如厕，你都可以禅修。为了达到洞悉的目的，你需要腾出时间，停下来，然后了解当下正在发生的一切。

带着正念和专注，你可以将自己的注意力指向当下，并深入观察。你开始了解眼前一切事物的真实本性。眼前之物可能是一朵云、一颗鹅卵石，或者一个人。它也可能是我们的愤怒，或者是我们自己的身体及其无常的本性。每当我们真的停下且深入观察时，我们就能更好地理解在我们内部和周围发生的一切的真实本性。

只是坐着，什么都别做

当有人说“别光坐着，干点什么”，他们是在催促你动起来。但是如果你的身心状态很差——如果你没有足够的平和，你的行为表现会充满愤怒和焦虑。生命的存在就是一种无为，而无为的品质决定了行为的品质。无为已经意味着有东西存在。有些人看似做的事情不多，但是他们的存在对世界的福祉至关重要。你也许认识这样的人，他们安稳，不会总在忙于某事，不会赚大钱，不会参与到许多的工作任务中，但是他们对于你来说十分重要；他们身心的状态使其真实地存在着。他们用无为奉献，付出自己高质量的生命品质。活在此地当下——安稳地全然地活着——这已是对我们集体的状况十分积极的付出。

平台上的禅师

在越南，当我还是一个刚受戒的沙弥之时，我去了海德寺，在那里我看到一个禅师在坐禅。他并没有坐在禅堂中，而是坐在寺庙前一个简单的平台之上，这个平台大概由五块木板搭建而成。平台涂成了棕色，十分洁净。在平台之上有一个四腿略弯的小桌，小桌上放着一个插有鲜花的瓶子。我看到禅师在那个平台之上坐禅，他显得十分自然与平静，他的脊柱保持正直，身体放松。

当我还是一个小孩子之时，我看到过一幅佛陀在青草地上坐禅的图画。佛陀看上去十分自在、放松与平静，与此同时也显得充满慈悲。如今我看到一个现实中的人类如佛陀一般坐禅，这个人和我一样，并不是一幅幻象或者一个属于另一个世界的人。看到这位禅师在平台上坐禅是一次非常神圣的体验。我希望自己也能够如他一般坐禅，我知道如此坐禅可以为自己带去幸福。

做减法

我们中的许多人试图让自己所做之事越来越多。我们之所以做事，是因为我们认为自己必须这样做，我们必须这样做的理由是我们想要赚钱、获取成功、照顾他人，以及让自己的生活或者我们的世界变得更好。通常我们在做事之时是不假思索的，因为我们已经养成了做事的习惯，或者其他人要求我们这样做，抑或我们认为自己应该这样做。但是如果我们的生存基础不够稳定，我们做得越多，就会给我们的社会制造越多的麻烦。

有时虽然我们做了很多，但是真正完成的事情并不多。有许多人工作很忙。也有人貌似勤于禅修，每天都花好几个小时坐禅、唱诵、诵经、敬香。但是他们从未转化自己愤怒、沮丧和嫉妒的情绪。这是因为我们身心的状态决定了我们的行为表现。如果我们抱持野心、批判或者执着的态度，那么我们所有的行为表现——甚至于我们的禅修——也会带有这些性质。我们身心的状态是我们可以贡献给这世界最积极的元素。

享受你的呼吸

当你坐下来，第一件事就是觉知自己的呼吸。觉知自己的呼吸是照顾自己的第一步。觉知自己的呼气和吸气，你能够发现呼吸是如何在自己的身体之中运行的。当你开始照顾自己的身心，你便可在简单的呼吸中找到快乐。每一次吸气都可以为我们带来愉悦，每一次呼气都可以为我们带来平静和放松。这个理由已经足够我们坐下来享受坐禅，我们无须为了诸如变得更聪明或者开悟的理由而坐禅。我们可以仅为享受坐禅和呼吸而坐下来。

禅修的喜悦

如果你问一个小孩子："为什么你要吃巧克力？"小孩子很可能这样回答："因为我喜欢巧克力。"他们并不是为了任何目的去吃巧克力。假设你在登山，当你站在山顶俯瞰周围的一切，你可能会感到非常快乐，你并没有因为任何理由而如此做。坐就是为了坐，站就是为了站。坐并没有任何目标或者理由，仅仅因为可以让你喜悦而坐。

庆贺

如果你吸气和呼气时持有正念，那你就已具有洞察力。每个人都在呼吸，但是并不是每个人都可以觉知到自己正在呼吸。当你正念地呼吸，你意识到自己是活着的。如果你没有活着，将不再能呼吸。活着就是这世间最棒的奇迹，你应该庆幸自己还活着。当你正念呼吸时，你的呼吸就是对生命的庆贺。

跟随自己的呼吸

正念总是对某事的正念。当我们保持正念的状态，我们的注意力是集中的，但是我们真的注意力集中了吗？正念一般都有一个对象。当我们坐着，我们会觉知自己的入息和出息。跟随自己的呼吸，从每一次吸入开始，直到每一次呼出为止。这就是正念呼吸。每当我们修习正念呼吸，我们会对正念多一些了解。

深入观察

坐禅是一项帮助我们疗愈和转化的修习。它可以帮助我们变得完整，然后深观自己及周遭的一切，以达到让我们清楚洞悉正在发生的一切。通过深观，我们可以点亮内心深处，然后看到事物的核心，以了解它们的真实本性。

日常生活中的禅修

很多人，当他们听到“禅修”这个词之时，他们会想到坐禅。其实禅修有很多种，正念禅修可以随处修习，且可以让身体以任何姿势修习——不论我们是坐着、走着、站着还是躺着。只要我们在日常活动中带入正念的觉知，都是在禅修。

智慧

通过深入观察，禅修练习者可以获得洞察力、智慧，也就是梵语的“般若”（prajñā）。洞察力可以赋予我们从自己的痛苦和束缚中解脱的力量。在禅修的过程中，羁绊会解开，内在的痛苦、障碍，诸如怨恨、恐惧、愤怒、绝望和仇恨，都会转化；人与人之间的关系、人与自然之间的关系会变得更轻松；自由和喜悦会充满我们。我们开始变得对内在和周遭有觉知；在日常生活中我们会变得更加鲜活。当我们变得更加自由和快乐，我们会停止让他人受苦的行为方式，我们能够让自己发生改变，也开始能够帮助周遭之人变得更加自由。

为何而坐？

当我们坐禅时，我们为自己和他人带去喜悦和滋养。每次坐禅，都可以让世界从中受益。我们是安稳的。我们是放松的。我们是平静的。当我们坐禅时，我们是喜悦的。我们就如同坐在莲花花瓣之上，而不是坐在燃烧的火堆之上。

开悟的时刻

佛陀成佛之前，名叫悉达多，生活在印度。悉达多在菩提树下坐了很长时间才开悟。他只是坐着，但是他的身体也参与到了他的觉醒之中。他非常仔细地观察自己的身体、感受和认知。随着他不断修习，他的正念和专注的力量变得越来越强。一天拂晓，当晨曦微露，他感觉到自己内在的所有黑暗都被驱散。那就是他开悟的时刻。

无形的修习

有些人会以一种十分滑稽的方式坐禅，他们试图展示出自己正在进行坐禅修习。当你正念和喜悦地呼吸时，不要试图向周遭之人炫耀，这就好比你对他们说：“你知道吗？我正在正念呼吸。”不要担心自己外在的坐姿如何，要练习无形的修习。我们能够通过很简单地全身心投入，而很好地向他人传递修习的精髓。

回家

当你坐禅，你要以一种感觉自己已经到家了的方式坐着。坐禅并不意味着内在的争斗。当你坐禅，之所以坐着，是因为你已经回到当下此刻。享受自己的这种达到。能活在当下此刻是多么棒啊！感觉回家了是多么棒啊，你真正的家就是此时此地。如此坐着，喜悦和平静就变为了现实。你可以向周围之人传递喜悦和平静，可以使周围每一个人受益。

解脱

当下此刻，我们能够从对过去的悔恨和对未来的恐惧中解脱出来。没有这种解脱，幸福是不可能的。回到当下此刻，从我们的焦虑、恐惧、悔恨、工作任务和忙碌中解放出来。

舒服地坐着

当你坐禅时，要保持自己的脊柱非常正直，与此同时要让自己的身体放松。当你的坐姿是放松且稳定的，你就能长时间舒服地坐禅。你是安稳的化身，这可以帮助你的心平静下来。一个稳定的姿势，可以让你的身心安稳。平静地坐着，尽可能减少身体的活动，减少说话和内心的活动。由此，我们不会被将我们带向各处的思虑和感觉淹没。

无论身在何处，都要滋养自己

如果你有一个安静的地方坐禅，再好不过。但无论身在何处，你都可以修习正念安坐。如果你是挤地铁列车或坐公共汽车上班，那么这些都是修习禅修很不错的场所。不要去思考你的工作计划、同事和任务清单，要能享受自己的呼吸，以此来放松自己紧张的身体，且让大脑什么都不想，只是休息。你可以在上班的公车中创造一个禅堂。无论身处何地，你都可以利用自己的时间，滋养和疗愈自己。

菩提树下

偈语是一种传统的简短韵文，用于在禅修时念诵。你可以创作属于自己的偈语，或者吟诵你曾听过的偈语。在此为大家介绍一首偈语：

坐于此，
好似坐在菩提树下，
我的身体处于正念状态，
完全不受外界干扰。

放松

以一种完全放松的姿势坐着，放松你全身所有的肌肉，包括你的面部肌肉。放松面部肌肉最好的方式就是在你呼吸时轻轻微笑。当你坐禅时，不要太过用力，内在不要起冲突和争斗。放下所有一切，避免背部、肩部和头部的酸痛。如果你能找到一个十分适合自己身体的垫子，你就能长时间坐禅而不会感到疲累。

要做什么

有时，人们会说他们不知道在坐禅的时候要做什么。“只管打坐”，这是曹洞宗给我们的训诫。这意味着坐禅并不是为了等待奇迹的发生，包括开悟的奇迹。如果你总是带着期望坐禅，你就没有活在当下。其实当下此刻已经包括了整个生命。

放下

选择让你感觉轻松、自在、愉悦和自由的方式坐着。许多人内心充满焦虑，手上有做不完的事情，被压得喘不过气来。我们带着自己过去的痛苦、愤怒，这些都成为让我们生活变得沉重的某种负担。坐禅是一种修习方式，它教会我们放下无须背负的包袱。因为这些东西什么都不是，只是我们通往幸福之路的障碍。如果我们坐禅和呼吸时可以放松，那么我们的身心就能得到滋养。

当我们处于平静状态时，我们能够深刻体会情绪的问题，认清它产生的根源，并能更好地理解它。首先，我们通过禅修的喜悦来滋养自己，让我们的呼吸、身体和思绪都平静下来。然后，我们拥抱那些痛苦的感受。这样做可以让我们有轻松之感，让我们有一个更稳定的基础——为了能够更好地观察和转化那些问题情绪，由此我们能够得到必要的疗愈。

最终，我们就能了解自己情绪的产生是基于正在发生的事情，还是基于过去发生的但至今仍放不下的事情。如果是过往发生的事情引起的情绪，那么我们应该开始学习放下，让我们能更真实地认识和感受当下此刻。

微笑

当你坐禅时，要面带微笑。这个微笑应该是一个自然的微笑，而不是扭曲嘴脸，也不是强颜欢笑。微笑可以放松你的面部肌肉。当你对自己的身体微笑时，就好似洗了一次舒服、清爽的淋浴。

幸福

在呼吸之时放松和平静自己的身体，我们就能感受到喜悦和幸福。这就是活着的喜悦，也是能够滋养自己身体和心灵的喜悦。单纯地坐着，且知道我们可以什么都不做，只需要觉知自己的呼吸，就是一种最棒的幸福。无数的人生活忙忙碌碌，就好似上下翻转的溜溜球，他们从未有机会体会这种喜悦。不要担忧自己无法有很多时间用来坐禅。其实只要很短的时间坐着并且觉知自己的呼吸，就已经可以为我们带来幸福。

呼吸室

每次坐着时，不论你是坐着工作，还是坐在树下，或者坐在家中的坐垫之上，你都要享受自己的安坐。如此你就不再会认为坐禅是一项艰难的修习，而是非常愉悦。为自己的坐禅专门设置一个房间，或者一个角落，抑或是一个坐垫。每当你走到那儿时，你将立刻感受到些许坐禅带来的愉悦和轻松。不论是单独坐禅，还是和三五好友一起安坐，你都要让自己全然地存在，真实地存在。

和磬声一起坐禅

磬声可以引导我们进入美妙的坐禅。磬声是你内在真实自我的声音，将你带回到当下此刻。这美妙的声音提醒我们真实的家园就在当下此刻。磬声有助于我们的禅修练习，当你听到磬声时，请觉知自己的呼吸。

请磬

比起“敲磬”，我更喜欢说“请磬”。呼吸三次之后，用木槌轻触磬，任其发出低沉之音。在请磬并使其发出一次完整的声响之前，请完成一次呼吸。如果你没有磬，你可以下载一段磬声的录音到自己的手机或者电脑里面。

听磬

坐禅时听到磬声之后，我们要用全身的细胞来倾听。心也是由类似“细胞”的物质组成的。这些物质包括了我们的思想、感受、认知，以及我们自认为事物应该怎样的想法。所有这些心念（mental formation），都好似种子一般存在于我们的潜意识之中。当一个种子（例如愤怒的种子）被触碰时，它就会在我们的意识中显现，我们称之为一种心念。当心念在我们之中升起，我们要让它也能倾听磬声。不论这个心念是焦虑、愤怒、恐惧或者执着，我们都要允许这些心念和我们一起倾听磬声。就好比一朵花由非花的元素构成，我们本身也由非我的元素构成。我们是由祖先、文化、食物、空气和水构成的。我们要允许所有这些组成元素都深深聆听磬声。这种倾听方式可以给我们身心的每一个细胞都带去平静。

与呼吸为伴

如果你家里有一个磬，任何人应该在任何时候都可以使用它，使每个人回归自我。每当你听到磬声，你要停止自己正在做的一切，包括说话、做事和思考。让我们乘着磬声和自己的呼吸，回到我们自己，回到当下此刻的家园，回到此时此地。我们由此学会了活着的艺术，活在当下的艺术。活着意味着在此地此刻，我们能够与我们内在的和周围的一切事物连接。这个修习很简单。每当你听到磬声，就好似有人在对你呼唤：“回家了，我的孩子，别再跑了。回归本真，回到你的生命里。”

养成好习惯

如果你能够规律地坐禅，就会养成习惯。你将放下总想达到某处的执着。佛陀开悟之后，依然每天修习坐禅。除了当下此刻，并没有什么地方需要到达。

习性

当你坐禅时，你可能会感觉有什么催促你起身，去做点什么。那就是植根于我们内在的一种力量，它被称为习性。习性是由过往的模式、情境或者习惯铸就的一种力量。习性并非基于我们当下的真实需要或者真实情况。习性具有催促性。我们习惯于认为幸福不可能在此地此刻获得，我们必须在未来的某处才能寻找到它。这就是我们为什么让自己不断向前追寻的原因。我们的父母也是如此。他们将这种习性传给了我们，而他们也是从自己的祖先处继承的这种习性。这是一种由来已久的习性。我们深信在未来我们可能会拥有更多的让自己幸福的条件，而我们“真正的人生”总是存在于未来某处。这都源于我们习性的力量，总感觉当下似乎无关紧要。

这是一股强大的能量。如果我们无法意识到它，那它将比我们更强大。当我们坐下来请磬时，就是在提醒自己放下这个习性，回到当下此刻的家园。

在印度的巴士上

几年前，我到印度为达利特人（Dalit，又称“不可接触者”）举办禅修营。达利特人被认为是印度社会中最低贱的阶层，已经被歧视了数千年之久。他们中的许多人都信仰佛教，因为在佛教传统中并无阶层之分。一个佛教社区的达利特男子帮助我们组织本次禅营之旅。他已经成家，在新德里有自己的公寓，物质生活较为优渥，但他身上仍然保留着他的阶层习性，也背负着其他人对他的歧视。在巴士上，我坐在他的身旁，享受着窗外美丽的风景。当我转过头时，看见他以一种十分紧张的姿势坐着。我享受地坐在巴士里，而他却一点也不。“亲爱的朋友，为何要如此不安呢？你安排的一切都很好。我们已经上了车，就没什么需要做的了。等我们到了，朋友们会去车站接我们。放松下来，稍作休息，好好享受乡村的美景吧。”他说：“好的。”然而仅仅过了两分钟，他就恢复了原样，十分不安，担心着未来，无法安于当下。因为这些担忧、感觉和总是在斗争的习惯，是从他许多代之前的祖先那里继承而来的，因此，认出和结束这些过往的习性绝非易事。我们都需要一个朋友时不时提醒我们。如果没人可以提醒你，磬声可以成为你的朋友，提醒我们认出自己过往的习性并对其微笑。长此以往，我们就可以摆脱这些习性。

清楚地看

坐禅要做的第一件事就是关注自己的入息和出息。将注意力完全放在呼吸之上。如果你进入真正的修习，你的呼吸会平静下来。平静的呼吸可以安抚你的身心。坐禅首先可以帮助我们平静下来。一旦我们是平静的，我们就能把事物看得更清楚。当我们的视线不再模糊，我们就能更包容地去理解，很自然地，我们就会开始对自己和他人怀有慈悲。唯有此时，我们才有可能获得真正的幸福。

修习的礼物

坐禅和正念呼吸可以为我们的生活带来四项重要的元素：平和、清明、慈悲和勇气。当我们处于平和和清明的状态，我们会更容易生起慈悲。慈悲可以为我们带来勇气，勇气可以为我们带来真正的幸福。当我们内在升起慈悲，就有能力让自己做出有勇气的行为。我们会有足够的勇气去深观自己的积习，认出恐惧，决心断除贪欲和愤怒。对自己和他人不够慈悲，就没有勇气出离那些让你受罪的痛苦。

觉知身体

当我们的入息和出息变得平静和令人愉悦时，我们的身体也开始因此受益。在我们的日常生活中，许多人都忘了自己还有个身体。我们的身体经常饱受压力、疼痛和痛苦。通常情况下，我们都会忽略自己的身体，直到身体的痛苦十分严重才会关注。如果我们的呼吸是平静的，这种平静可以传递给身体。坐禅和正念呼吸，可以让我们把心带回到身体，让我们开始觉知到身体的存在，并且释放身体的紧张。

坐禅是一种修习，也是一种奢侈

坐禅是一种修习。我们平常已经习以为常的坐的方式，其实是坐在电脑前面工作、坐着开会，或者坐在屏幕前发呆。所以我们需要修习坐禅，一种不分心，仅仅只是为了和自己在一起的坐的方式。在我们现在的时代和文明中，只是坐着什么都不做被认为是一种奢侈，或一种对时间的浪费。但是坐禅带来的平静和喜悦最能滋养身心，而且我们所有人都能够抽出坐禅的时间。坐着什么都不做是多么美妙的事情。

坐禅的本质

坐禅的本质就是正念安坐。修习得越多，你就能越深刻地触及自己的思想和感觉。你可能会觉得："太无聊了！""太愚蠢了！""我现在需要做一些正确的事情。"可能是因为过往的习惯和曾经发生的事情让你产生了这些想法和感觉。是什么阻碍了你体验当下此刻的真实？保持呼吸，继续坐禅，这就是修习。

感觉的河流

我们每个人的内心都有感觉的河流，包括愉悦的感觉、痛苦的感觉和不好不坏的感觉。感觉好比河中的水滴，接连不断地出现。当我们坐禅时，感觉的河流会流过我们，我们很容易被强烈的感觉推向下游。因此，我们要坐在岸边，观察这些感觉流过我们。我们还可以为它们命名，"这是愉悦的感觉""这是痛苦的感觉"。我们也可以同样地对待我们的各种心念，诸如给它们命名为"愤怒"或"恐惧"。命名是让我们与自己的感觉保持一段距离的第一步，由此我们会发现感觉不过就是感觉，而且它们都是暂时的。一种感觉会到来，但最终它也将离开。

让强烈的情绪风暴消退

强烈的情绪就好似一次风暴，可能会造成很大的伤害。我们需要知道如何保护自己，并为自己创造一个安全的环境，以此消退风暴。让我们的身心远离风暴并保持健康，是一种修习。每一次风暴过后，我们都会变得更强大，更稳定，更无惧风暴。

我们要学会照顾从我们意识底层升起的痛苦的感觉和强烈的情绪。情绪只是人的一部分，不是全部。我们需要觉知到自己情绪的变化："吸气，我知道这不过是一种情绪，不是我的全部，情绪只是我的一部分。"这是一种十分基本的洞见。情绪是会变化的，会停留一会儿，然后离开。为什么我们要为了一种情绪而死？在几分钟的修习之后，情绪的风暴会离开，你将会发现自己生存下来是多么容易。你应该在情绪风暴开始之前，可能要忘记照顾自己的情绪时，抑或可能被情绪风暴卷走时，就开始进行修习。这就是我们的日常修习之所以重要的原因。

腹式呼吸

每当情绪风暴来袭时，请你安静地坐下来，回到自己的呼吸，觉知自己的身体。把注意力从你认为引起你痛苦的原因挪开，不论这个原因是什么，只单纯关注自己的呼吸。正念呼吸是你在情绪风暴中的“锚”。把你的注意力从自己的头部挪到腹部，由此你就不再继续思考和想象。只是紧跟着自己的呼吸，提醒自己“我已经经历过许多情绪风暴。每次风暴都会过去，没有风暴会永远停留，一切的情绪状态都会过去。”

当我们看到风暴中被吹得东倒西歪的树冠，我们会以为这棵树马上就要被吹倒。但是当我们观察树干之时，我们会发现其实树木很稳固。你的腹部就好似树干，练习把自己的注意力只放在呼吸方式上，并把呼吸引导到下腹部，让情绪自然过去。

不好不坏的感觉

当你坐禅并进行正念呼吸时，你会开始觉知到所有情绪，这些情绪在你平常陷于忙乱时是会被忽略的。你不仅可以觉知到自己的快乐和痛苦，还可以觉知到一种既不快乐也不痛苦的感觉，如同觉知身体的某一部位，这种感觉是没有痛苦的。带着觉知，我们能够将这种中性的感觉转化为快乐的感觉。

当你牙痛时，这种感觉十分不愉快。当你没有牙痛的时候，你通常都处于中性的感觉状态。你不会感觉到没有牙痛这个事实。当你觉知到自己没有牙痛，那么中性的感觉就变成了平静和喜悦。你会为此刻没有牙痛而十分快乐。通过将中性的感觉转化为快乐的感觉，我们由此而滋养了自己的幸福。

意识的转化

坐禅有两个面向。第一个面向是让身体静止，保持平静。

平静本身就会让人感到幸福。而第二个面向甚至还可以让人更加幸福，那就是深观。深观可以让深层的意识发生转化。许多人禅修只是为了忘掉俗世生活中的困苦和问题。这些人就好比兔子蜷缩在篱笆之下，以躲避猎人的抓捕。借助深观，我们可以看到习性、感知与好恶的来源。在不予评判的慈悲的观照下，我们可以放下这些感知，将世界和我们自己看得更清楚。

把坐禅修习连同自己一起献给世界

当你在坐禅中很自然地开始感受到安全和被保护，你可能会不愿从这样的状态中走出。但是我们不可能永远坐禅。我们要能在每一个行为中都带着正念的觉知：走路时，说话时，工作时。用这种方式，我们就可以全然地投入生命，可以为我们和周围人的相处，乃至整个世界带去喜悦。

头顶的星空

无论我们身处何方，无论我们在何处坐禅，在我们的头顶上方总是存在包含无数星星的星河。我们在一颗星球上坐禅，一颗非常美丽的星球，一颗在银河系诞生演化的星球。当我们带着觉知坐禅，我们可以拥抱整个世界，从过去到未来。当我们这样坐禅的时候，这种幸福感是巨大的。

坐禅和拖地

坐禅时培养的品质可以应用于日常生活的任何时刻。例如，当我们拖地时，我们拖地本身就是目的，我们享受拖地这件事，我们很快乐。在坐禅中我们体验到的幸福和满足可以带入我们的日常生活。我们可以开开心心地拖地。

岩石之间的花儿

当我们独自安静地坐禅之时，即使没人看见，这本身就是一件很美的事情。当两块岩石间的缝隙有一朵小花儿出现的时候，这本身就是一幅很美的风景。虽然可能没人看见，但是这也无所谓。

活在当下

如果我们在坐禅时可以保持平静和喜悦，那么我们就能够在任何地方坐禅。我们可以在机场坐禅，可以在火车站、在河边、在监狱中坐禅。如果世界上每一个人都知道如何坐禅，那么这个世界将会变得更加和平、喜悦和幸福。

当我们坐禅的时候，我们要真正地活在当下此刻。我们已经回家了，已经到达了。我们要活在此时此地，不被过去或者未来拉走，不被现在出现的诸如愤怒、嫉妒的情绪带走。当我们这样坐禅的时候，我们就是一个自由的人。

找回自己

在日常生活中，我们可能迷失在自己的思考、担忧和不同的工作任务之中。坐禅是为了找回自己，让我们全然地活在当下，全然地活在此时此地。跟随自己的呼吸，让自己的身心平静下来，你很快也很容易就回到当下。只要五秒或十秒，我们就能完全找回自己，全然地活在此时此地。我们将自己的这种身心的状态，献给世界。

精神食粮

坐禅并不是我们需要完成的责任或者义务，而是每日的滋养，就像吃东西一样。因此，可以将坐禅视为一种精神食粮。当我们坐禅时，我们会产生正念的能量和放松的感觉，这些都可以滋养我们的喜悦之感。试着将坐禅规律化，不要剥夺自己和世界的这种精神食粮。当我们发现修习是对自己和世界的滋养时，修习将为我们带来喜悦和对生活有益的体验。

钟

如果你有一个可以发出“滴答”声的时钟，试着让自己伴随着时钟的节奏一起呼吸。这样做可以帮助你停止胡思乱想，并且让你把注意力集中在自己的呼吸之上。

数息

当我们一开始学习坐禅时，数呼吸有助于我们的修习。第一次吸气和呼气为“一”，再次吸气和呼气为“二”，依次增加。如果你精神没有集中，忘记了数息，那么就从“一”重新开始。这个练习可以帮助你培养专注力。你也许会认为从“一”数到“十”很简单，但其实，从“一”数到“十”且一直保持正念呼吸，是需要高度集中的。

坐禅记事本

坐禅时或者坐禅之后，用记事本粗略记录坐禅情况是很有用的。如果你每次坐禅的地方都一样，你可以把笔记本保存在这个地方。如果你每次坐禅的地方都不同，那么你可以把笔记本放在自己的手包或者背包中，在你方便的地方或者时间记录就好。你可以把坐禅时你的各种想法记录下来，或者把自己的感悟记录下来。你也可以画出来。坐禅后你的头脑很清醒，这时写下感想可以为你带来巨大的满足感。你并不需要马上阅读你所写的文字。你可以隔一段时间再读，这样一来，你就能够不带评判地阅读它们。

我们是一条绵延的溪流

即使在你认为自己是独自一人坐禅时，其实你的祖先也和你在一起坐禅。你的父母、祖父母和更早的祖先，不论你是否认识他们，他们都在你身体之内。认出他们，并邀请他们和你一起呼吸："亲爱的父亲，这是我的肺，也是您的肺。我知道您存在于我身体的每一个细胞之中。"吸气，你可以说："妈妈，我邀请您与我一起吸气和呼气。"在你身体的每一个细胞中，你的祖先都与你同在。你可以邀请自己所有的祖先和自己一起享受吸气和呼气。你并不是孤立的个体，你的祖先造就了今天的你。当你平静地呼气时，你所有的祖先都与你同在，与你一起平静地呼气。当他们都在世时，他们也许没有机会和你一起正念坐禅并且平静地呼吸。但是现在，他们与你同在，他们有了这样的机会。其实，并不存在完全独立的自我。我们是一条绵延的溪流，我们是祖先的延续。

和你的精神祖先一起坐禅

当你坐禅时，你不仅和自己的血缘祖先一起坐禅，还和你的精神祖先一起坐禅。你的精神祖先就是你的一部分，你可以邀请那些给你启发的人一起坐禅，你可以邀请摩西、耶稣或者穆罕默德和你一起享受呼吸。他们也存在于你身体的每一个细胞里。

一起坐禅

独自坐禅是一件美妙的事情。和朋友一起禅修会让修习变得更容易。有一句越南谚语："当你吃米饭时，你需要喝汤。"同样地，当你进行正念修习时，你需要朋友。当我们一起坐禅时，我们会创造一个非常强大的集体的正念能量场。当我们和其他人一起坐禅时，我们可以从他人的修持中获益，我们可以从每个人的修习中获益。我们之间并不需要讲很多话，我们彼此就是一个共同的有机体，在一起可以产生洞见。当我们一起坐禅时，我们中的每个人都为整体的存在去贡献自己。这种集体的能量场会比我们个人的能量强大很多。一起坐禅就好像让溪流与海洋汇聚。当我们听到磬声时，每个人都进行正念呼吸，并创造出一个集体的正念能量场。集体的能量场具有很强大的支持力和影响效果，可以帮助我们获得洞见和转化困难。作为一名修习者，我们可以从这样的能量场中获益，以帮助我们拥抱自己的疼痛和苦难。你可以默念："亲爱的僧团中的兄弟姐妹，这是我的痛苦，请兄弟姐妹们帮助我拥抱这些疼痛和困难。"

一群飞鸟

当你和其他人一起修习坐禅时，你根本不需要做任何事情。基本的修习就是要学会坐在那里，跟随自己的呼吸，去体验与大家一起共修的喜悦。想象一群飞鸟在蓝天翱翔，每只鸟儿都有自己的位置，都在为保持整体队形贡献自己的力量。它们默契十足，一起飞翔。每一只鸟儿都是这个更大的队形的一部分。它们可以从整体能量场中获益，并不需要耗费很多气力。当我们一起坐禅时，我们彼此支持着。我们每个人都正念地坐着，并贡献自己的正念能量给彼此。

互相帮助

当你和其他人一起坐禅时，你不仅在照顾自己，也在照顾所有人。如果你看到别人的坐禅是稳定的、平静的，这也可以帮助到你的坐禅。一个人可以影响整个环境。当我看到一个人安稳地坐禅时，我就会想和他一样坐禅。我想要贡献自己的存在。我的存在也能够帮助到整个团体的质量。集体能量场可以渗透所有人，每个人都在贡献自己的能量，与此同时也在接受能量。

帮助友人

与你一起坐禅的人中，可能有带着巨大恐惧或者绝望的人，但是她不会说出来。坐禅时她会带着这些痛苦。如果你坐禅时是专注的和稳定的，那么你已经是在帮助她。你的存在会说:“别担心，我为你在此，我会帮助你拥抱和接纳你内在的恐惧和绝望。”独自一人坐禅时，承受巨大的痛苦是很困难的。但是如果借助很多人的集体能量场，拥抱巨大的痛苦就变为可能。

归来的园丁

当你坐禅时，你就好像一个回去照顾自己花园的园丁。花园中所有的动植物都会因为园丁的归来而欢欣鼓舞，从中获益。当你坐禅时，你要回到自己，回到自己的身体，回到自己的感受，回到自己的情绪，回到自己的觉知，以此来照顾好它们。那是一个福音。

引导式禅修

引导式禅修并不是一个新事物。它在佛陀的时代已经在使用，至今已有超过 2 500 年的历史。即使你很享受静默的坐禅，引导式禅修也会让你十分受益。引导式禅修是让你深观自己内心的机会。它能在我们的内心深处播种善的种子，强化和滋养这些种子，让它们变为转化我们内在痛苦的方法。引导式禅修也能够帮助我们直面自己过去一直逃避的痛苦。当我们更清楚地认识自己的痛苦之时，我们就能理解痛苦之源，且放下痛苦。

禅悦

当你坐禅时，可以尝试用这些引导式禅修为身体带来喜悦和宁静。这些简短的语句是修习的偈语。第一次要念诵完整的偈语，第二次可以只使用第三行的关键词。当你吸气时默念一个词，呼气时默念另一个词，然后才进入练习的下一部分，你可以反复念诵这些词句，并保持多次呼吸。

吸气，对自己的吸气保持全然的关注。无论呼吸去到你身体的哪部分，去觉知呼吸为身体该部位带来的宁静。觉知呼吸是如何使身体内在器官平静下来的，就像在热天喝一杯凉水。呼气时，用微笑来放松所有的面部肌肉，这样你的神经系统也能得到放松。

引导式禅修就像指引我们回到当下此刻的灯塔。这些引导语很简短，可以供我们在任何时间、任何地方修习：可以在厨房、在河边、在公园，不论我们是走着还是站着，躺着还是坐着，即使在我们工作时也可以使用。第一个禅修练习示例了呼吸与词句是怎样配合的，之后的引导语也同理操作。

1. 吸气，我知道我在吸气。（吸气）
   呼气，我知道我在呼气。（呼气）
   吸（吸气）/ 呼（呼气）

2. 吸气，我的呼吸随之加深。
   呼气，我的呼吸随之变慢。
   加深 / 变慢

3. 吸气，我感到平静。

呼气，我感到轻松。

平静 / 轻松

4. 吸气，我微笑。

呼气，我放松。

微笑 / 放松

5. 觉知我的身体，我吸气。

放松我的身体，我呼气。

觉知身体 / 放松身体

6. 安静身体，我吸气。

关爱身体，我呼气。

安静 / 关爱

7. 对身体微笑，我吸气。

释放身体的压力，我呼气。

对身体微笑 / 释放身体压力

8. 吸气，我让身体平静。

呼气，我对身体微笑。

平静 / 微笑

9. 吸气，我安住于当下一刻。

呼气，当下是美妙一刻。

当下一刻 / 美妙一刻

与佛陀一起坐禅

当你独自坐禅时，你可以想象佛陀与你一起安坐。你可以说："亲爱的佛陀，我邀请您和我一起坐禅。请尽管利用我的背，我的背很健康，我知道当您坐禅时，会让自己的背部垂直且放松。当您呼吸时，我知道您的呼吸质量非常好。呼吸时请您使用我的双肺，坐禅时请您使用我的背部。"佛陀并不是你之外的人，在我们每个人之中都有正念、平和和开悟的种子。当你坐禅时，你就是给这些种子一个成长的机会。当你邀请内在的佛陀与自己安坐时，他会立刻十分优美地坐着。你并不需要做什么，只是单纯地享受他的坐禅和呼吸就好。你可以在自己呼吸时对自己念诵以下词句：

让佛陀呼吸，
让佛陀安坐。
我不用呼吸，
我不用安坐。

当你坐禅时，如果发现自己遇到困难，或者感到十分不安和躁动，你可以邀请佛陀帮你解决这些问题。之后你会觉得坐禅变得更容易了。下一个练习是：

佛陀在呼吸，
佛陀在安坐。
我享受呼吸，
我享受安坐。

下一段偈语是：

佛陀在呼吸，
佛陀在安坐。
我也在呼吸，
我也在安坐。

一开始，你和佛陀是分开的。然后你们变得更亲密，下一段偈语是：

就只有呼吸，
就只有安坐。
没有呼吸者，
没有安坐者。

当佛陀呼吸时，他的呼吸是轻盈和放松的。当佛陀坐禅时，他的坐姿是完美的。

佛陀并不在呼吸和坐禅之外。只有呼吸和坐禅本身，而没有一个呼吸者或者坐禅者。哪儿有高质量的呼吸和坐禅，哪儿的思想、语言和行为都充满正念和慈悲，佛陀就在哪儿。佛陀并没有外在于这些事物而存在，我在呼吸，我在坐禅；呼吸，坐禅；没人在呼吸，没人在坐禅。

呼吸中带有喜悦，
安坐中带有平和，
喜悦就是安坐。
平和就是呼吸。

与你的内在小孩对话

当我们还是小孩时，我们很脆弱，而且依赖于他人以获取生存。你可能在小时候受过伤，有许多恐惧，那时你可能无法安全地说出来，因此你将这些经历都放在心里。如今，你已经是一个成年人了，你不再是那个容易受伤的孩子，你已经能够关爱自己，保护自己。但是我们内在的那个小孩还在继续担忧和恐惧。那个曾经的小孩和现在已经长大的你，其实并不是完全不同的两个人，但也不是完全一样的同一个人。那个内在小孩如同长大后的成人一样真实存在。他们彼此互相影响，就好比玉米种子仍然真实地存在于长大后的玉米秆中一样。引导式禅修给了你一个与自己内在小孩对话的机会，你可以邀请他出来，一起庆贺当下的生命。我们也可以让他知道已经没有必要继续担忧。如今的一切都很好。

在做这个引导式禅修时，请放置两个面对面的坐垫。坐在其中一个垫子上，并看着另一个垫子，想象五岁的自己正坐在对面。如果确有必要，你可以把自己的年纪想象得再小一些。然后，当你正念地坐禅和呼吸时，你可以和自己的那个容易受伤的内在小孩对话。你可以这样说："亲爱的孩子，我知道你在这里，我在这儿陪着你。如果你有什么想告诉我的，请对我说吧。"

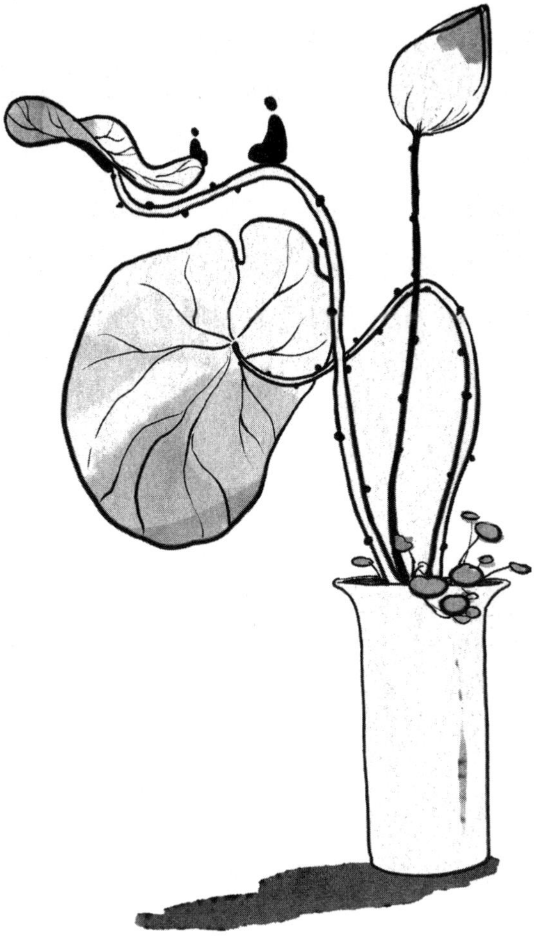

一段时间之后，让自己像一个小孩子一样讲话，表达出你不曾有机会说出来的任何东西。你可能会抱怨，也可能会分享脆弱和无助的感受。使用任何对你而言符合内在小孩说话形式的语言。如果有诸如恐惧或者愤怒的情绪升起，也没关系。然后，给自己一些时间来正念地呼吸，并让自己的身体平静下来。然后再次与你的内在小孩对话，确认这些恐惧和愤怒的情绪。让内在小孩知道你一直都在倾听，而且如今的你已经长大，有能力保护自己，因此一切都会好起来，你能够将内在小孩和长大后的自己都带回到当下此地，让自己能够在生命中的每一个当下，更全然地体验并享受生命。

与死亡一起坐禅

我们都知道生命无常，迟早有一日我们都会死去。坐禅是一种很棒的方式，可以让我们更好地觉知和接受我们肉身的无常性。如果我们能够更加熟悉对死亡的恐惧，并与其更自在地相处，那么我们就可以开始转化这种恐惧。当我们有了对无常的觉知，我们就可以更深入地活出自己的生命，带着更多的关爱和觉知。当我们能够预想和接受自己的死亡，我们就能够发现很多野心、担忧和痛苦。我们就能够放下那些造成我们繁忙的不必要的东西。我们能够以一种对自己、对其他物种和整个地球而言更有意义的方式生活。

跟随自己的呼吸，让我们念诵：

世事无常，

均有生死。

移除生死之概念，

留下的静默是最美的喜悦。

这个禅修练习蕴含了佛陀所有的教导。最后两句提到的静默是一种雷鸣般的静默，它摈除了所有推测、原理、概念和观点的喧嚷。

这个禅修练习提醒我们，只要还有现象的存在，就有生死的存在。当我们深观的时候，我们可以看到没有所谓的生和死。我们就好像天上的云朵，从不会死去，从不会从有到无。一朵云可以变为雪、冰或者雨，但是一朵云不可能凭空消失。一朵云从不会死亡。如果我们舍弃生死的概念，我们就不会再对无常感到恐惧。

撰写自己的偈语

你可以撰写自己的修习偈语，这样可以帮助你接触当下，与你真实的意愿连接。选择一个你想要带入自己生活的元素和一个你想要放下的元素。你可以使用如下偈语，让自己以呼吸为中心回到自己的意愿。

吸气，____（A）

呼气，____（B）

A.［吸气］

B.［呼气］

以下是一些示例：

吸气，我觉知自己身体的紧绷。

呼气，我释放身体的紧绷。

觉知身体的紧绷 / 释放身体的紧绷

吸气，我平息自己的愤怒。

呼气，我感到轻松。

平息 / 轻松

吸气，我接触到秋天凉爽的空气。

呼气，我对秋天凉爽的空气微笑。

秋天的空气 / 微笑

怎么走

生活需要慢下来

首先抬起脚。吸气。将脚轻轻放下，先是脚跟，然后是脚尖。呼气。感受双脚坚实地踏在大地上。你已经到达了。

走路时，常常只是为了从一个地方到另一个地方。但在这两个地方之间，我们又在哪里呢？每一步，我们都能感受到脚踏实地的奇妙。每一步，都能让我们活在当下。

当我们最初学步时，走路仅仅是为了享受走路的乐趣。我们边走边发现，每一个瞬间都是新奇的。我们可以重新学习以这种方式走路。

行走笔记

你到了

行走时，每一步都是一种抵达。这就是行禅。除此之外，别无他物。

为何行走

人们问我："你为何要行禅？"我最好的回答是："因为我喜欢。"每一步都让我感到快乐。如果你在行禅时不享受每一步，那就等于浪费时间。坐禅也是如此。如果有人问："长时间坐着有什么用？"最好的回答是："因为我喜欢坐禅。"坐禅或行禅都能带来平静与喜悦。我们必须学会如何坐、如何走，以便坐下或行走时产生平静与喜悦。我们必须学会行走，以便享受每一步。正念和专注可以提升我们呼吸、坐禅和行走的品质。

抵达

最深刻的教诲往往也是最简洁的："我已到了。"当我们回归呼吸，就回到了当下，回到真正的家园。我们不需要拼命地去到哪里，毕竟人生终点不就是一方墓地。何必急于抵达那里？何不顺着生命的方向而行，活在当下？即使只是几天的行禅练习，我们也会经历深刻的转变，学会享受生命中每一刻的宁静。我们微笑，宇宙中无数生命也会向我们微笑——我们的宁静是如此深邃。我们所思、所感、所为，都会影响先辈与后代，并在宇宙中产生回响。

练习喜悦

我们通常认为喜悦是自然而生的情感。但鲜有人意识到，喜悦需要我们去培养和练习，才能不断增长。正念，就是不断地深入体验生活中的每一个瞬间。保持正念，意味着真正地活在当下，身心合一，让你的意愿和行动相协调，与周围的人和谐共处。我们不需要在日常生活之外特别安排时间来做这件事。我们可以在一天中的任何时刻，比如从一个地方走到另一个地方时，练习正念。当我们穿过一扇门，我们清楚地意识到自己正在穿过门。此刻，我们的心与行为是一致的。

在地球上行走

在这颗星球上行走是一件非常美妙的事情。当宇航员从太空返回地球时，他们最乐意做的事情之一就是散步。回到家，他们可以每一步都享受到青草、花朵和鸟儿带来的愉悦。你认为他们从太空返回后，能享受在地球上行走的乐趣多久？我猜想最初的十天肯定是非常美好的。但最终他们会逐渐习惯，也许一年后，他们的感觉不会像刚回家的那几个月那样快乐。不过，我们在地球上每走一步，都能体会到脚下大地的坚实。

觉悟

享受行禅其实并不难。你不必经过十年的练习才能达到觉悟。你只需要几秒钟。你只需要觉知到自己在行走。这种觉知本身就是觉悟。我们每个人都能够觉察到自己的吸气和呼气。当你吸气时，觉知到自己在吸气。觉知到自己拥有一个身体，正在通过呼吸滋养这个身体。觉知到你的双脚足够强壮，让你能够享受行走。这也是一种觉悟。当你呼气时，感受到空气离开你的身体。觉知到自己还活着。这种觉知能够带给你极大的喜乐。

机场行禅

我每次去机场，总喜欢提前到达，这样在登机前可以行禅。大约三十年前，我在檀香山机场行禅时，有人走上前来问我："你是谁？你的宗教传统是什么？"我问他为何有此一问，他回答说："因为我看到你走路的样子与众不同，显得如此平和与放松。"他之所以会靠近我，仅仅是因为我走路的方式。我并没有发表演讲或举行会议。你迈出的每一步，都能在自己内心创造宁静，并把快乐传递给他人。

爬山

我曾随一个代表团访问中国，并攀登了著名的五台山。通往山顶的路非常陡峭，共有一千零八十级台阶要爬，通常人们到达时都已筋疲力尽。出发前，我建议大家边走边呼吸，走一步，放松；再呼吸，再走一步，再放松。我们的目的是要以一种能享受每一步攀登的方式来登山。大约每走十步左右，我们就会坐下来，四处看看，呼吸，微笑。我们不必急于到达；我们每走一步都感到平和、宁静、稳固和自由。当我们到达山顶时，每个人都非常高兴，充满活力。每一步，即使是上坡，都能带来正念、专注、喜悦和洞察。

行走之美

即使在最繁忙的街道上，你也可以进行正念行走。选择在公园或其他美丽、安静的地方练习会更有帮助。走得慢一些，但不要太慢，以免过分引起他人注意。这是一种几乎不被人察觉的练习。享受自然和你自己内心的宁静，同时不要让别人感到不适或显得过于张扬。如果你想停下来欣赏某物，比如蓝天、山丘、一棵树或一只鸟，那就停下来，继续带着正念呼吸。如果我们不持续正念呼吸，不久我们的思绪就会重新占据心头，鸟和树就会消失。

与贝里根牧师同行

有一天在纽约市，我邀请贝里根（Daniel Berrigan）牧师去中央公园散步。我告诉他："不说话，只走路。"贝里根牧师比我高得多，他的腿也很长。他一步相当于我的两步。我们开始一起走，但几步之后他就远远地走在前面。当他回头发现我不在他旁边时，就停下来等我。我没有匆忙。我决心以自己的步伐慢慢地、正念地行走。我决心密切关注我的步伐和呼吸，否则我知道我会迷失自我，被急匆匆的念头带走。每次我赶上他，我们会一起走一会儿，然后他又走到前面去了。每次，我都会保持自己的节奏。后来，他来法国拜访我，有机会学习和练习行禅。之后他也能够不急不忙地行走，即使回到纽约也是如此。

奔跑

我们每个人内心都有奔跑的冲动。有一种信念认为，幸福不可能在此时此地，所以我们倾向于奔向未来去寻找幸福。那种奔跑的习惯可能是我们的父母、祖先传给我们的。

奔跑已成为一种习惯。即使在梦中，我们仍在奔跑，不断追寻。正念练习帮助我们停止奔跑，让我们意识到自己所追寻的一切早已触手可及。许多人一生都在不断奔跑。带着正念的步伐可以帮助我们停止奔跑。当心神专注于呼吸和行走时，我们统一了身体、语言和心灵，我们已经到家了。没有必要奔跑。没有地方要去，没有事情要做。

处处皆行

我们完全可以享受迈出的每一步，不仅在行禅时，任何时候都可以，只要你从一个地方移动到另一个地方，无论距离多么短。如果你需要走五步，那就全心全意地走这五步，感受每一步带来的稳定感。当你爬楼梯时，带着愉悦的心情爬每一级。每一步，你都能激发出最好的能量，并将其传递到整个世界。

静默

在我居住的法国西南部的梅村，我们行走时不说话。这帮助我们百分之百地享受行走。如果你说个不停，那么深刻体验你的步伐就变得困难，你也不会那么享受它们。喝茶时也是如此，如果你集中注意力在眼前的这杯茶上，那么这杯茶就会成为你极大的乐趣。正念和专注带来愉悦和洞察。

为祖先和后代行走

我们的祖先和后代永远与我们同在。幸福从不是一个人的事。如果我们体内的祖先还在遭受痛苦，我们就无法真正幸福，并会将这种痛苦传递给我们的后代。行走时，我们可以为了祖先和后代而走。也许他们曾带着悲伤行走，或许他们曾被迫行军或迁徙。我们如今自由地行走，就是为了他们。如果我们能够自由而快乐地迈出一步，用心感受大地，那么我们就能继续这样走一百步。我们这样做，既是为了自己，也是为了所有过去的和未来的世代。我们一同抵达，共同寻找平静和幸福。

生命的所在

当你带着正念行走时，就只是享受走路这个过程。练习的关键是行走时完全处在当下此地，即使你正在移动。因为你真正的目的地就是此时此地，因为只有在这一刻、这个地方，生活才是真实存在的。所有伟大之人的所在是“此时此地”。和平与光明的所在也是“此时此地”。你知道你的去处。每一次呼吸，每一步行走，都应该带你回到这个所在。

全身心投入

将你的全部精力投入到迈出的每一步中。当你的脚触地时，你就在创造活着的奇迹。每一步都让你自己和大地变得真实。这种修行应该是非常强烈和坚定的。你在保护自己，避免被那些总是催促你奔跑、在思考中迷失的习惯力量所影响。将你所有的注意力都集中在脚底，仿佛你在用脚亲吻大地。每一步都像皇帝在诏令上盖下的印章。走路时，就像你在大地上烙印你的坚定、自由和平静。

重拾主权

当我们被四面八方的力量拉扯时，我们就会失去自主权。我们不再自由。这种自由不是政治上的自由，而是从过去、未来、忧虑和恐惧中解脱出来的自由。要自由，每一步都可以帮助我们，让我们得到释放。要抵抗，不要再让自己被带走。没有自由，幸福和平静就无从谈起。

止步，寻得宁静

心烦意乱时，行走是平复心情的好方法。行走之际，若将全部注意力放在步伐上，我们便能中断那些占据脑海、让我们脱离现实的思考、叙述、指责和评判。要让纷扰的思绪停歇，将注意力转向身体是个有效的方法。遇到不顺心的事情，及时地让思绪止步，可以防止负面情绪的蔓延。止步并不代表压抑，它首先意味着平静。想让大海宁静，我们不会把海水排空。没有了海水，大海也就不复存在。当我们意识到自己内心有愤怒、恐惧或焦躁时，不必将其排除，只需深呼吸，有意识地迈出一步。让自己完全沉浸在此时此地，因为生活只存在于现在。这足以让内心的风暴得到平息。

只是走路

走路时，就只是走路。不要思考，不要说话。如果你想和别人交谈或吃点心，可以停下来去做。这样，你走路时才能全然地走，和你交谈的人也能获得你全然的关注。你可以找个地方安静地打电话，或带着正念吃东西、喝果汁。

行走即是奇迹

我们真正的家就在此时此地。活在当下是一种奇迹。当我深呼吸，全身充满活力时，我看见自己是奇迹般的存在。当我用心地看着一个橙子，我看见橙子本身就是一个奇迹。当我用心地剥橙子时，我看见吃橙子也是一个奇迹。你依然活着，这本身就是一个奇迹。所以你每天多次用正念的力量去实现的，就是奇迹。奇迹不是在水上行走。奇迹是在此刻的绿色地球上行走，欣赏现在可得的平静与美丽。每次我行走时，我都实现这个奇迹。只要你想，随时可以实现行走的奇迹。

大地母亲

行走时，我们触碰着大地。能够触碰到大地，这个星球上所有生命的母亲，是一种巨大的幸福。在练习行走时，我们应该意识到我们是在一个活生生的存在上行走，它不仅支撑着我们，也支撑着所有的生命。地球已经遭受了很多伤害，所以现在是时候用我们的脚，用我们的爱，去亲吻大地了。当你行走时，微笑吧——活在此时此地。这样做，你行走的地方就变成了乐土。

在大地上留下印记

我们总是行走，但往往只是因为需要前往下一个目的地。这样的行走，只会在大地上印刻下焦虑和忧伤。我们完全有能力以另一种方式行走，让大地只感受到宁静和平和。每个人都做得到这一点，甚至每个孩子都能。如果我们能迈出一步这样的步伐，那就能迈出第二步、第三步，乃至更多。当我们能够平和、快乐地迈出一步，我们就是在为全人类的和平与幸福贡献出自己的一份力量。

国会山上的行走

我们曾在美国华盛顿特区为国会议员和工作人员举办过一次静修营，一些参与者自此之后每天都在坚持行禅。在那个快节奏的地方，他们必须持续努力，才能做到他们在禅修营中所学到的，但有几位确实坚持了下来。他们告诉我，他们总是在从办公室走到投票地点的路上做行禅。他们说，这种练习让他们在那种高压环境下，即使在最艰难和充满争议的会议期间，也能更好地应对。

与楼梯的约定

和你最常走的那段楼梯做个约定。决定每次上下这些楼梯时都练习行禅，不要在爬楼梯时分心。如果你已经做了这个决定，却又发现自己在不知不觉中爬了几级，那就回头，重新再走一遍。二十多年前，我就和我的楼梯有了这样一个约定，它给我带来了无尽的喜悦。

触摸宁静

宁静的可能性无处不在，环绕在我们周围的世界和自然之中。宁静同样存在于我们的内在，存在于我们的身体和心灵里。行走本身就是浇灌我们内心宁静种子的甘泉。正念的步伐帮助我们养成了在每个瞬间触摸宁静的习惯。

功夫笔记

“功夫”这个词意味着每天都要精勤练习。需要天天练习的，不仅限于武术，走路也是一种方式。在一天行将结束时，你可能想要回顾并写下你当天的练习情况，你在走路、呼吸、微笑或说话时注意到了什么。如果你一整天都没有享受走路，那将是一种遗憾。你有脚，如果你不利用它们，那是一种损失和浪费。现在有人告诉你这些，你将来就不会说:“没人告诉我好好利用双脚很重要。”

与他人同行

我曾在两三千人的人群中进行过集体行禅的练习，这是非常有力量感的体验。每个人都全然觉知地迈出每一步。请安排好你的日常，让你有更多机会尝试独自正念行走。你也可以与他人一起练习行禅，以获得支持。你可以请一个朋友和你一起去。如果你和孩子在一起，你可以牵着孩子的手，一起走。

练习的成果

当你在这个美丽的星球上带着许多温柔和快乐行走时，你就是在活出平和。在佛教修行中，观音菩萨，这位慈悲为怀的菩萨，总是享受着在地球上的行走，乘风破浪，面带微笑。我们应该也能做同样的事。如果我们在行走时能够真正感到自在，那就是我们的练习，也是我们练习的成果。这些时刻，是生命中真正值得珍惜的。

佛陀的脚

为你的双脚注入正念的力量，你的脚就会成为佛陀的脚。你可能见过那些以佛陀的脚行走的人；这只要观察就可以分辨出来，非常容易。如果你有一辆电动汽车，需要花几个小时来充电。但要用正念的力量为双脚充电，甚至不需要半小时。正念的力量是即刻就来的。是否选择以佛陀的脚行走，这取决于你。

穿上鞋子

每天你都会穿上鞋子去某个地方。因此，每天你都有机会练习正念，而这并不需要额外的时间。脱下鞋子，穿上鞋子，都是练习和享受的时刻。

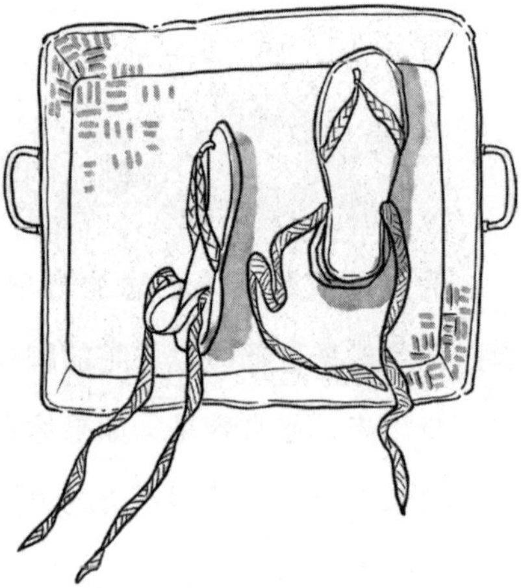

边走边聊

通常我们走路时，要么和旁边的人聊天，或者在想接下来要做的事情，甚至盯着手机看，而没有留意我们在哪里或者要去哪里。走路时，尽量只专注于走路。尽量不要边走边说。如果需要说话，就停下来再说。这样并不会花费太多额外的时间。说完后，你可以继续走路。

寻找自在

行走时若感艰辛或挑战重重，请停下脚步。让呼吸成为你的向导，切莫强求。记得有一次，在人潮汹涌的机场，人们挤得水泄不通，我几乎寸步难行。我本想穿过人群前行，却又驻足。我意识到，自己无须刻意做什么。那一刻，我感到前所未有的放松，仿佛是佛陀在漫步，而非我本人。如果换作我，或许就不会如此从容和慈悲。我停下脚步，放松身心，便又能自如地迈步。机场仍旧熙熙攘攘，但我却能悠然自得，步伐轻快，心怀喜悦。

为他人行走

有时我会说，我为母亲行走，或者说，父亲正与我一同享受行走。我为父亲行走，为母亲行走，为老师行走，为学生行走。也许你的父亲从未学会如何正念行走，享受每一刻。所以，我为他行走，我们双方都能受益。

漫长的行走

在菩提迦耶悟道之后，佛陀在附近的荷花池周围练习行禅。然后，他想要与鹿野苑的朋友分享他的洞见。于是，他从菩提迦耶走到鹿野苑去找他们。他独自一人穿行在稻田和森林之间。这至少花了他两周的时间，但他享受了他迈出的每一步。当佛陀见到他的故友时，便开始了他的第一次讲法。

涅槃

涅槃无法言传，你必须亲自去体会。就像你从未吃过猕猴桃，别人无法告诉你它的味道如何。最好的办法是亲自尝一小块猕猴桃，然后你立刻就能知道它的味道。涅槃也是如此，你必须亲自去体验。此刻，涅槃就在你的每一步中，触脚可及。你不必等到死后才能进入涅槃，它既不模糊也不遥远。如果你迈出的每一步都带你走向自由的彼岸，那你已经开始尝到涅槃的滋味了。

走回家

行走让身心合一。只有当身心合一时，我们才算是真正处于此时此地。行走时，我们回到了自己的内在。如果你走路时忙着说话或提前计划，你就无法享受你的呼吸，无法全然享受当下。我们不必强迫自己呼吸，因为我们一直在呼吸。我们只需要将注意力集中在呼吸和行走上。很快，你就回到了自己的身体，在那里，你坚实地立足于此时此地。

集体的能量

当我们与他人一起行走时，我们共同创造的正念能量极其强大。这种能量有助于疗愈每个人。当我们同行，一起创造出正念的能量，回归到此时此地，我们能感觉到脚下的乐土；环顾四周，能看到这乐土就在周围。

培养正念能量

行走时，我们培养正念的能量。不要心猿意马，只需全心感受脚掌与大地的接触。若能专注于这种接触，它便具有疗愈之效。不必非得有一群人或在特定的时间，任何时候你需要从一地到另一地，都可运用行禅的技巧。从客厅踱步至厨房，从车内走向工作场所，从容不迫，享受每一步。让思绪停歇，让言谈止息，用双脚感受大地。若每一步都带给你愉悦，你的修行便已臻佳境。

稳固

当过去和未来不再牵引你时，你的脚步便坚实了。你此刻正稳固地活在当下。稳固与自由，是幸福的根基。若无稳固，无自由，幸福便无可能。因此，每一步都是为了培育更多的稳固与自由。行走之际，你可自语："我稳固，我自由。"这不是自我暗示，也不是自以为是，而是一种真切的体会。因为当你真切地活在此刻，每一步都让你真切地体会到这一真理。

放下过去

我们很多人行走在世间，身上没有枷锁，心却不自由。我们被过去的悔恨和悲伤牵绊，反复回味，持续痛苦。过去就像一座牢笼。但现在，你已经拿到了打开牢笼的钥匙，能够走进当下。深呼吸，将心神聚焦回身体，踏出一步，你就真正抵达了此时此地。这里有温暖的阳光、葱郁的树木和鸟儿的歌唱。

关照未来

有些人活在对未来的忧虑中，成了时间的囚徒。我们无法预知未来，但过度的担忧让未来变得遥不可及。要知道，真正的未来，只由“现在”这一刻构成。除此之外，未来还能由什么组成呢？如果我们能够尽最大努力关照好现在，那就是我们为美好未来所能做的一切。我们通过珍惜当下来塑造未来。珍惜当下包括了正念呼吸，享受每一次吸气和呼气。每一步，你都迈向了你正在创造的未来。让我们共同创造一个平和与慈悲充溢的未来。

倾听你的肺

让你的肺自然引导呼吸，不要强迫自己吸气或呼气。走路时，让步伐顺应呼吸节奏，而不是让呼吸去适应步伐。你可以先尝试吸气时走两步，呼气时走三步。如果在走路过程中发现，吸气时走三步、呼气时走五步让你感觉更舒适，那就按照这种方式去做。自然地，当你在爬坡时，每次呼吸能走的步伐数会相应减少。在行禅时，我通常会在吸气时走四步，在呼气时走六步。但在爬山时，我会调整为每次吸气走两步，呼气走三步。如果坡度特别陡，我有时甚至会调整为每次吸气走一步，呼气时可能是三步、两步，或者一步。我们需要根据实际情况灵活调整。在行走中倾听你的身体，这样可以让你的每一步都变得更加愉悦。

保持连接

有时，当我和远方的朋友或学生相聚后，他们会想要保持联系。四十年来，我一直没使用过电话。许多人通过电话说个不停，但这并不代表我们真正和对方沟通得很好。我也没有电子邮件。不过，你不需要电话或电脑就能和我保持连接。如果你在从家走到公车站的路上全心投入，享受每一步，那我们就是连接着的。如果你练习正念呼吸和行走，那我们时时刻刻都连接在一起。当人们问我要住址，我会告诉他们：“就是此时此地。”

失念

我们许多人长期生活在失念中。失念与正念相反。正念，是记得生命是个奇迹；我们在这里，我们应当深刻地体验生活。大家知道要更多地活在当下，但往往没有这么做。我们需要朋友或老师来提醒自己。地球就可以成为这样的老师。它总是在那里，迎接你的脚步，让你保持稳定，脚踏实地。

锻炼自己

有些人在初次尝试行禅时就能感受到那份宁静。而有些人可能会觉得困难，因为他们早已习惯了忙碌奔波。我记得曾有一位巴黎的记者来采访我，在采访前我邀请他一起行禅。他在行走中感到非常不适，后来他形容这次体验非常疲惫。对他来说，习惯了忙碌，要慢下来，全身心地投入行走，完全是件苦差事！因此，我们需要通过行走来锻炼自己。我们要以这样的方式行走，每一步都能帮我们停止无谓的奔波，真正体验到生活中的奇迹。

每一步都是抗争

每一步都是对日常忙碌说“不”。每一个有意识的步伐都在宣告：“我不想再奔波了。我想停下来。我想要真正地生活。我不想错过生命中的美好。”当你真正地活在当下，内心就会充满平静，因为你不再挣扎。每一个脚印都承载着平静，印刻着“此时此地”的印记。你可以尽情享受这种回家的感觉，无论是三分钟、四分钟、五分钟还是十分钟，只要你愿意。哪怕只是练习一个小时，也足以引发一场变革。

感知身体

我们拥有一个身体，这是自然界的奇迹。这个身体终将有一天会分解消逝，这是我们必须面对的现实。在表象上，我们看到生和死，存在与消失。但如果你深入探索，你会发现自己还有一个宇宙之身，它超越了生死和存在的概念。就像海浪，它在海面上的形态并不持久。一个浪花可能只持续几秒到几十秒。但浪花有它的海洋之身，因为它来自大海，最终也将回归大海。如果你带着正念行走，如果你的专注和洞察足够深刻，每一步你都能感知到你的宇宙之身，你将不再感到恐惧和迷茫。

培养正念行走的习惯

不管你要去哪里，哪怕是几步之遥，都可以练习正念行走。很快，这会变成你的日常习惯。你会发现自己在接电话或泡茶时，也在不自觉地进行正念行走。一开始，你或许不会立刻意识到，为什么自己不再感到焦虑，为什么每次走进门时都感到更加喜悦。培养日常的正念行走习惯，不需要额外花费，也不会比你平时走路多花时间。

树立榜样

当你以正念行走时，你可能没注意到，你已经为所有看到你的人树立了榜样。大家见到你自由自在、内心平和、步伐中带着喜悦，可能会被激发起想要模仿你的愿望。在不知不觉中，我们共同创造了一个更加宁静和快乐的氛围。

意愿

光有享受步伐和呼吸的意愿还不够，你还需要正念和洞察。如果你的每一步都充满喜悦，那是因为你在行走时，心中有着正念和洞察。没有洞察，你就无法真正享受呼吸。你不能强迫自己享受呼吸或步伐。在正念中呼吸，带着觉知行走，快乐会自然而然、轻松地到来。

随处行走

在佛陀的时代，没有汽车、火车，也没有飞机。佛陀偶尔会用船渡河。但大多数时候，他都是步行。在他四十五年的传法中，他走遍了古印度和尼泊尔境内的十多个古国。这一路上，他不知踏遍了多少山川大地。他的许多教诲和深刻洞见，都来自他随处行走的时光。

脚掌的触地感

试着将注意力集中在脚掌上，感受它与地面接触的感觉。你的意识应该集中在脚上，而不是飘在脑海中。你会有一种感觉，仿佛你正在与美丽的大地母亲进行亲密的接触。

沿着恒河行走

我第一次飞往印度，降落在巴特那城之前，有十五分钟的时间俯瞰下方的大地。那是我第一次见到恒河。当我是位年轻的僧侣时，我已听闻恒河的沙粒多得无法计数。在飞机上，我向下望去，仿佛看到了恒河沿岸遍布着佛陀的足迹。可以肯定，佛陀曾无数次地在这条河边来回行走。四十五年来，他就是这样，携带着智慧与慈悲，向人们传授他的解脱之道，不分贵贱，从国王、大臣到拾荒者、穷人，都受到了他的影响。

无为的修行

佛陀走路时，看起来并不像是在刻意修行。他没有借助任何特殊工具，和大家一样，只有两只脚，而且他乐在其中。最高境界的修行看似不修而修，却内涵深远。你不必刻意努力，不必挣扎，只需享受走路的过程。佛陀在《四十二章经》中说："吾法念无念念，行无行行，言无言言，修无修修。"如果你的修行自然而然，如果你的修行让你感到快乐，那便是最佳的修行方式。你看起来不像在修行，但实际上修行却非常深入。

意图

行禅是一种没有特定目的或意图的行走练习。正念行走，就是指在走每一步时，都全然觉知自己的步伐和呼吸。我们甚至可以在商务会面间隙，或在超市的停车场里练习正念呼吸和行禅。我们可以保持步伐缓慢、放松、平和。没有匆忙，没有特定的目的地，没有急迫感。正念行走可以释放悲伤和忧虑，让身心获得平静。

户外行走

当打开门，走出去呼吸新鲜空气时，我们可以立即与空气、地球以及周围的所有元素接触。当行走时，我们知道我们不是在踩踏无生命的东西。我们脚下的地面并非无生命的物质。以这种方式理解地球，我们可以带着尊重和敬畏之心在地球上行走，就像我们在宗教场所或任何神圣空间中行走一样。我们可以带着觉知迈出每一步。这样的步伐，充满拯救生命的力量。

晨间散步

每天早晨当我醒来穿上衣服后，我会离开小屋去散步。通常天空还是黑的，我轻轻地走着，觉察周围的自然美景和那些即将隐去的星辰。我想到了地球，想到我在上面行走的能力，心中涌现出这样的想法：“我要走进大自然，享受一切美好，享受它所有的奇迹。”我的心充满了喜悦。

爱地球

当我们爱上某人或某物时，我们与所爱之人或事物之间没有隔阂。我们愿意为他们做任何事，这给我们带来了巨大的快乐和滋养。当我们这样看待地球时，我们将更温柔地行走在地球之上。

城市漫步

你可以把正念行走融入日常生活。哪怕是去公交车站的路上，也可以练习行禅。哪怕周围是喧嚣和忙碌，你也可以随着呼吸的节奏，悠然自得地走。在城市的纷扰中，保持内心的平和、快乐，带着微笑行走。这就是活在当下，享受生命中每一刻的真谛。

爱与觉知

带着爱与理解去行走，我们能深刻地觉知这个星球上的一切。春天，树叶是一抹生机勃勃的浅绿；夏天，它们是浓郁的绿；秋天，叶子变得金黄、橙红。冬天，树枝虽光秃，但树依然挺拔、坚强，孕育着新生命。大地母亲接纳落叶，将它们转化为树木的养分，使其茁壮成长。

我们并非独行

走路时，我们并不孤单。父母和历代祖先与我们同在，他们就在我们身体的每一个细胞里。所以，每一步带来的疗愈和幸福，同样也传递给了我们的父母和祖先。每一个正念的步伐都能转变我们，以及我们体内的所有祖先，还包括动植物和矿物的祖先。我们走路不仅是为了自己，也是为了家人和整个世界。

回归

我们不必等到生命结束才回到大地母亲的怀抱。实际上，我们每时每刻都在回归。我们体内的细胞不断有死亡和新生，每一次呼吸、每一步行走，我们都在回归大地母亲。

感恩

当我们行禅时，每一步都充满感激和喜悦，因为我们知道自己正踏在大地上。我们可以轻步前行，怀着对孕育我们、我们与之不可分割的大地母亲的敬仰。我们脚下的这片土地是神圣的。我们应当心存敬畏，因为我们明白自己正行走在母亲的身上。无论我们走到哪里，都是走在大地母亲的怀抱中，所以每一个地方都可以成为圣地。

全心行走

不要只是表面上看起来在行禅，而心里却在盘算着杂事或计划着下一场会议。要全身心投入到行走中。每一步都包含着深刻的洞察。每一步都带来幸福。每一步都充满爱——对地球和所有生灵的爱与同情，也包括对自己的爱。我们为何要这样行走？为了与伟大的地球相连，为了与我们周围的世界接触。当我们真正接触，当我们深刻体会到行走在地球上的奇妙时，每一步都在滋养和疗愈我们。带着这种洞察力，每走三十步，都是三十次自我滋养和疗愈的机会。

觉醒

行禅是一种唤醒我们活在当下美好时刻的方式。如果我们的心思被忧虑和痛苦所困扰，或者在行走时分心于其他事物，我们就无法练习正念，也无法享受当下。我们就错过了生活。但是，如果我们觉醒了，我们就会看到这是生命赋予我们的美妙时刻，是生命中唯一可用的时刻。我们可以珍惜我们迈出的每一步，每一步都能带给我们幸福，因为我们与生命、与喜乐的源泉、与我们深爱的星球有了连接。

用步行代替开车

有时候，我们其实并不需要开车，但为了逃离自我，我们还是会下楼，启动汽车。如果我们在启动汽车前对自己说“启动汽车前，我知道要去哪里”，这就像是一束光，照亮我们的内心，让我们意识到我们其实没有必要去任何地方。无论我们走到哪里，自己总是如影随形，我们无法逃避自己。有时候，最好的做法是关掉引擎，出去散散步。这样的选择可能更令人愉悦。

给地球按摩

当以正念行走时，双脚就像在给地球按摩。每一步，都在播撒快乐和幸福的种子。每一步，都如同一朵花儿绽放。

与孩子同行

与孩子们一起行走是练习正念的绝佳方式。孩子们有时会想跑到前面，然后停下来等你赶上。孩子们就像正念的铃声，提醒我们生活是多么奇妙。我们可以提醒孩子们，当他们情绪激动或心烦意乱时，行禅是让他们平静下来的好方法。我们可以不说话，只是陪伴着他们一起走。大人的呼吸能轻柔地提醒孩子，让他们跟着呼吸走。

从容行走

给自己留出充足的时间来行走。如果你通常只给自己三分钟从车里走到家门口，那么试着给自己八到十分钟。每当去机场，我总是多留出一个小时，这样我就可以在那里练习行禅。有时朋友们想一直聊到登机前的最后一刻，但我总选择提前告别。我告诉他们我需要这段时间，然后早早地和他们道别。

行走是庆祝

行走时，如果你觉知到自己还活着，这本身就是一种觉悟。你觉知到自己拥有一个身体，这同样是觉悟。你觉知到自己的双脚强健，足以让你享受行走的乐趣，这也是一种觉悟。行走，可以是一种庆祝生命的方式。当你正念呼吸时，你就是在欢庆生命。

让佛陀行走

几年前，我在韩国首尔带领一次大规模的行禅。当我准备引导大家行走时，发现因为众多摄影师的围堵，我几乎找不到行走的空间。我在心里默念："慈悲的佛陀，我放弃了，请您引领我的步伐。”瞬间，我感到一股力量，道路自然为我敞开。这次体验之后，我创作了一组偈语，它们不仅适用于行禅，也适用于任何呼吸或行走的练习中。

让佛陀呼吸，
让佛陀行走。
我不用呼吸，
我不用行走。

佛陀在呼吸，
佛陀在行走。
我享受呼吸，
我享受行走。

佛陀在呼吸，
佛陀在行走。
我也在呼吸，
我也在行走。

就只有呼吸，
就只有行走。

没有呼吸者，
没有行走者。

呼吸中有平和，
行走中有平和。
平和就是呼吸，
平和就是行走。

行禅

开始行禅

我们的吸气通常比呼气稍短一些。吸气时，走两到三步，这由你的肺决定。如果你的肺在吸气时需要两步，那就走两步。如果三步让你感觉更舒适，那就走三步。呼气时，同样听从你的肺，让它决定你呼气时走多少步。起初，练习吸气走两步，呼气走三步：两步，三步；两步，三步；两步，三步。随后，可能会变成吸气走三步，呼气走四步，或者吸气走三步，呼气走五步。如果你觉得吸气时需要多走一步，那就让自己享受这一步。当你呼气时想要多走一步，那就允许自己在呼气时增加一步。每一步都应该是令人愉悦的。

与诗同行

行走时，你可以轻声念诵偈语，那些简短的修行小诗。让你的呼吸和步伐与诗歌的节奏同步。调整步伐，使之与诗歌韵律相得益彰。有时我吸气走两步，呼气走三步；有时吸气走三步，呼气走四步。尤其刚开始时，呼气往往比吸气更悠长。你可以自由变换诗句，增减字词，以适应你的步伐。当你慢跑或跑步禅想时，可以吸气时跑四步，呼气时跑五步。在那一刻，静静地体会诗句的深意，保持心神的专注。不要让你的思绪游离太远，也不要过分追求诗意而忽略了修行的本质。修行的核心在于提升你的专注力。

吸气，呼气。
深沉，缓慢。
平静，放松。
微笑，放下。
当下一刻。
美妙一刻。

心中那座岛屿

我常归依的偈语是："回归心中岛屿。"当生活宛如波涛汹涌的大海时，我们必须记得内心有一座宁静的岛屿。生活有起有落，有来有往，有得有失。在心中那座岛屿上栖息，你是安全的。佛陀入灭前教导我们，不要寻求外在的庇护，而是只归依于自己的岛屿。吸气时，走两步，轻声说，“归依。”呼气时，走三步，轻声说，“心中岛屿。”或者改作，“我回归，我归依。”你总是可以调整你所选择的诗句，以配合你的修行。

吸气，我回归
心中那座岛屿。
岛屿上有美丽的树木，
清澈的溪流，
有鸟儿，
阳光和新鲜空气。
呼气，我感到安全。
我享受回归
我的岛屿。

家庭练习

睡前，带孩子出去散散步，哪怕只是十分钟也好。如果孩子愿意，你们可以手牵手。孩子会感受到你的专注和平静，而你也会感受到他们的纯真和活力。年轻人在散步时，也可以试试这首简单的小诗。吸气时心里默念：“是的，是的，是的。”呼气时默念：“谢谢，谢谢，谢谢。”很多孩子都特别喜欢这样的练习。

慢慢走

一个人时，不妨试试慢走行禅。选一个大约三米左右的距离，走这段路时，吸气迈一步，呼气再迈一步。迈第一步时，心里默念：“我已到了。”迈第二步时，再默念：“我到家了。”如果你感觉还没有完全沉浸在此刻，就停下来，不要急于走下一步。挑战自己，深呼吸，直到你真切感受到自己已经全然存在于当下。然后，给自己一个胜利的微笑，再迈出第二步。这样做是为了培养一个新习惯：活在当下。

活在此时此地

有些人不需要借助言语来帮助集中注意力，但在修行初期，使用一些偈语是非常有帮助的。它们能帮助我们集中，安住在此时此地。当你吸气时，走两步，对自己说：“我到了。我到了。”呼气时，走三步，对自己说：“到家了。到家了。到家了。”这不仅仅是说说而已，这是一种修行。真正地活在此时此地，并下定决心停下脚步，不再奔波。在“我到了，到家了”上练习一段时间后，你可以换成“在此地，在此时”，然后是“我稳固，我自由”。

我到了。
到家了，
在此地，
在此时。
我安稳。
我自在。
我安住在
最终的真实中。

美丽的道路

心向千万处。
行禅心安然。
每步微风吹。
每步莲花开。

我们的心念像猴子一样在枝头间不停跳跃，从不停下来休息。思绪有无数条路径，常常让我们在不知不觉中迷失了方向。若能把行走的路途变成修行处，我们的每一步都将充满全然的觉察，呼吸将与步伐和谐同步，心自然会变得宁静。我们迈出的每一步都将增强内心的平和与喜悦，并引发一股宁静能量的流动。

归依大地

当我们能够回归自我，归依于内心的岛屿，我们不仅为自己找到了家，同时也成为他人的避风港。全神贯注地行走可以让我们摆脱愤怒、恐惧和绝望。每一步都能表达出对地球的爱。行走时，你可以这样说：

每走一步，
我回归大地的怀抱。
每走一步，
我回到生命的源头。
每走一步，
我从大地母亲那里得到庇护。

或者，边走边说：

我爱地球。
我爱上地球了。

给地球的信

亲爱的大地母亲：

每当我踏上大地，我都会提醒自己，我是在您身上行走。每当我将脚放在大地上，就有机会与您以及您所有的奇迹接触。每一步，我都能触碰到这样一个事实：您不仅仅是在我脚下，亲爱的母亲，您也在我内心。每一个正念而温柔的步伐都能滋养我，疗愈我，让我与自己、与您在此刻相连。

以这样的精神行走，我能体验到觉醒。我能觉醒到这样一个事实：我还活着，生命是一个宝贵的奇迹。我能觉醒到这样一个事实：我从不孤单，也永远不会死去。您总是在我内心和周围每一步中存在，滋养我，拥抱我，并带我走向更远的未来。亲爱的大地母亲，今天我向您承诺，要以爱和温柔回报您的爱，我将用爱和关怀去走好每一步。我不仅仅行走于大地之上，更是走在精神的领域之上。